Dr. Günter Spanner

COOLE PROJEKTE MIT DEM ARDUINO MICRO

Vorwort

Der aus dem Leonardo entstandene Arduino Micro zeichnet sich besonders durch seine kompakte Bauform aus. Kaum größer als ein klassisches IC kann der Baustein direkt in ein Breadboard gesteckt werden. Das ist ein erheblicher Vorteil gegenüber den älteren Varianten der Arduino-Familie wie etwa dem UNO oder dem Mega.

Der Micro kann so unmittelbar mit allen gängigen elektronischen Bauelementen verbunden werden. Spezielle Protoboards oder aufsteckbare »Shields« sind nicht erforderlich. Im Rahmen des Buchs kann diese Arduino-Variante daher als nahezu professionelles Modul betrachtet werden, da der Micro das den anderen Arduinos anhaftende Image eines speziellen »Lernsystems« abgelegt hat.

Aufgrund seiner Pinanordnung ist der Micro auch direkt in eine Lochrasterplatine oder sogar in eine IC-Fassung einsteckbar. Ein Schwerpunkt des Buchs liegt daher in der Beschreibung, wie fertig ausgetestete Laboraufbauten schnell und effizient in professionelle und dauerhaft ausgelegte Prototypen oder sogar fertige Kleingeräte integriert werden können.

Trotz seiner kompakten Bauform bringt der Baustein alle erforderlichen Komponenten mit. Über eine integrierte Micro-USB-Buchse kann der Controller mit den gewohnten, vielfach bewährten Arduino-Programmiertools mit Software versorgt werden. Darüber hinaus wird im Buch aber auch die Programmierung in C über die professionelle Tool-Chain des Controllerherstellers Atmel erläutert.

Durch die Integration der USB-Schnittstelle in den Hauptprozessor konnte ein separater USB-zu-RS-232-Wandler eingespart werden. Durch den Wegfall dieses meist recht hochpreisigen Bausteins ist der Micro deutlich günstiger erhältlich als seine Vorgänger. Das trägt dazu bei, dass der Micro direkt, sozusagen als »komplettes elektronisches Bauteil«, in den im Buch beschriebenen Projekten eingesetzt werden kann.

Ein weiterer Vorteil des im Prozessor integrierten USB-Anschlusses ist, dass der Baustein auch als sogenanntes USB-Device/HID (Human Interface Device) konfiguriert werden kann. Damit ist es möglich, den Micro so zu programmieren, dass er sich wie eine USB-Maus oder -Tastatur verhält. Einem direkten Schreiben von Daten in die bekannten Anwenderprogramme wie etwa Word oder Excel steht somit nichts mehr im Weg. Im Buch wird dieser Technik und der Fülle der damit möglichen Anwendungen ein eigenes Kapitel gewidmet.

Korrekturen, Ergänzungen oder Anregungen werden gern unter der Adresse *elo@franzis.de* angenommen.

INHALT

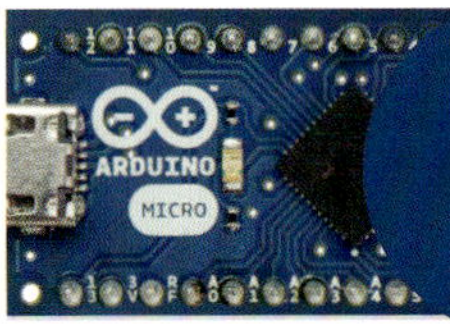

7

8

9

10

A

12
11
10
9
ARDUINO
MICRO
13
3V
RF
A0

KAPITEL 1 bis 5

KLEINE PLATINE GANZ GROSS

Experten erfassen den Aufbau des Arduino Micro schnell. In seinem Aufbau unterscheidet er sich aber doch sehr von den anderen Arduino-Modellen. Deshalb lohnt sich der Blick auf die Details.

Gewicht:
6,6 Gramm

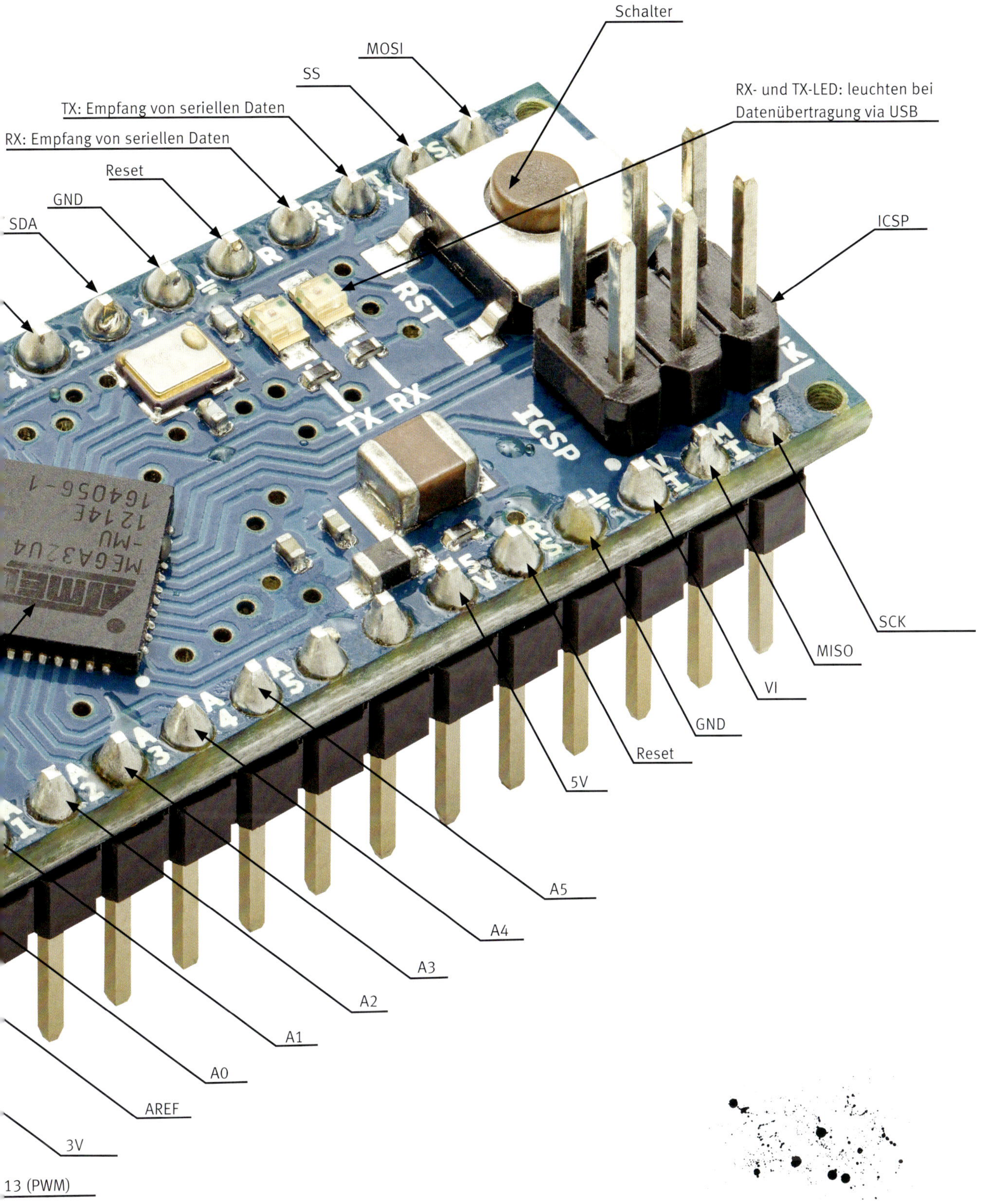
Schalter
MOSI
SS
RX- und TX-LED: leuchten bei Datenübertragung via USB
TX: Empfang von seriellen Daten
RX: Empfang von seriellen Daten
Reset
GND
SDA
ICSP
SCK
MISO
VI
GND
Reset
5V
A5
A4
A3
A2
A1
A0
AREF
3V
13 (PWM)

1 Einführung

Der Erfolg des Arduino-Konzepts ist ungebrochen. Mehr und mehr Anwender erkennen das außergewöhnliche Potenzial dieser Mikrocontrollerplattform.

Neben der einfachen und kostengünstigen Hardware ist es vor allem auch die problemlos zu bedienende Programmieroberfläche, die den Arduino so erfolgreich werden ließ. Damit lassen sich auch außerhalb einer eng umrissenen Technikgemeinde eindrucksvolle Projekte realisieren.

Bereits Jugendliche kommen mit dem Konzept bestens zurecht. Sogar Kinder können mit Unterstützung eines Erwachsenen die ersten Schritte in das Reich der Elektronik und Mikrocontrollertechnik wagen. Genau hier setzt das vorliegende Buch an. Es werden einfache aber dennoch äußerst interessante Projekte vorgestellt, die ohne detailliertes Fachwissen nachgebaut werden können. Anstelle von Schaltbildern werden realitätsnahe Aufbaubilder verwendet.

Aber natürlich bleibt es nicht beim bloßen Zusammenbauen und Aufspielen von Programmen. In jedem Kapitel wird die Funktion des aufgebauten Geräts genau erläutert.

Zusätzlich wird ab Kapitel 5 auch auf die direkte Programmierung in C eingegangen. Nachdem das professionelle Programmiertool der Firma Atmel vorgestellt wurde, können auch schnelle und effiziente C-Programme für den Arduino Micro erstellt werden. Dadurch wird der Anwendungsbereich dieses kompakten Controllerboards auf die gesamte Welt des *Physical Computing* erweitert.

1.1 Arduino Micro – ein Controllersystem in IC-Größe

Der weltweite Siegeszug des Systems Arduino ist bislang einmalig. Neben seiner raschen Verbreitung in ganz Europa konnte das Board bald auch große Erfolge in den USA vermelden. Dort werden vor allem auch Shields in allen Variationen entwickelt und vertrieben. So haben beispielsweise US-Firmen wie SparkFun oder Seeedstudio die verschiedensten Hardwareerweiterungen, sogenannte »Shields«, im Programm.

Das Wachstum der Arduino-Familie ist weiterhin ungebrochen. Die Entstehung immer neuer Boardvarianten scheint sich sogar noch zu beschleunigen.

Der Arduino-Stammbaum hat seinen Anfang im Jahr 2005 im Ur-Arduino mit einem ATmega8-Controller und einer seriellen Schnittstelle. Wurde zunächst nur diese eine Version immer weiter entwickelt und mit dem Arduino NG und dem Duemilanove mit immer leistungsfähigeren Prozessoren und neuen Schnittstellen versehen, kamen im Jahr 2010 die ersten eigenständigen Äste hinzu.

Arduino Nano, Mega und das Lilypad wurden am Markt eingeführt. Schließlich kamen 2012 noch der Leonardo und der Arduino Due hinzu.

Abb. 1.1: Arduino UNO in der klassischen Bauform

Abb. 1.2: Der Arduino Mega mit dem leistungsfähigen 2560-Prozessor

Im selben Jahr wurde auch der Arduino Micro vorgestellt. In vielerlei Hinsicht hat dieser Baustein das Spielzeugimage der anderen Boards abgelöst. Er hat einen modernen Controller an Board, der direkt über USB kommunizieren kann. Die relativ teuren RS-232-zu-USB-Umsetzer können damit entfallen, was sich auch im Preis des Micro positiv niederschlägt.

Darüber hinaus ist dieser Baustein für den Einsatz auf lötfreien Aufbausystemen bestens geeignet. Durch zwei parallele Pinreihen kann der Micro

Abb. 1.3: Arduino Micro im Vergleich mit einem klassischen IC

direkt in ein Breadboard eingesteckt werden. Spezielle und meist auch entsprechend hochpreisige Prototyping-Shields sind somit nicht erforderlich.

Abbildung 1.3 zeigt den Micro im Vergleich zu einem klassischen IC und verdeutlicht so seine äußerst kompakte Bauform.

1.2 Der Arduino Micro auf einen Blick

Die technischen Daten des Micro sind in Tab. 1.1 zusammengefasst.

Mikrocontrollertyp	ATmega32U4
Versorgungsspannung	5 V
Eingangsspannungsbereich (empfohlen)	7–12 V
Maximaler Eingangsspannungsbereich	6–20 V
Digitale I/O-Pins	20
PWM-Kanäle	7
Analogeingänge	12
Max. Strombelastung pro Pin	40 mA
Max. Strombelastung des 3,3-V-Ausgangs	50 mA
Flashspeicher	32 KB, davon 4 kB für den Bootloader
SRAM	2,5 KB
EEPROM	1 KB
Clock Speed	16 MHz

Tab. 1.1: Technische Daten des Arduino Micro

Weitere Einzelheiten dazu, etwa die Bedeutung der einzelnen Speicherarten etc., werden in späteren Kapiteln näher erläutert.

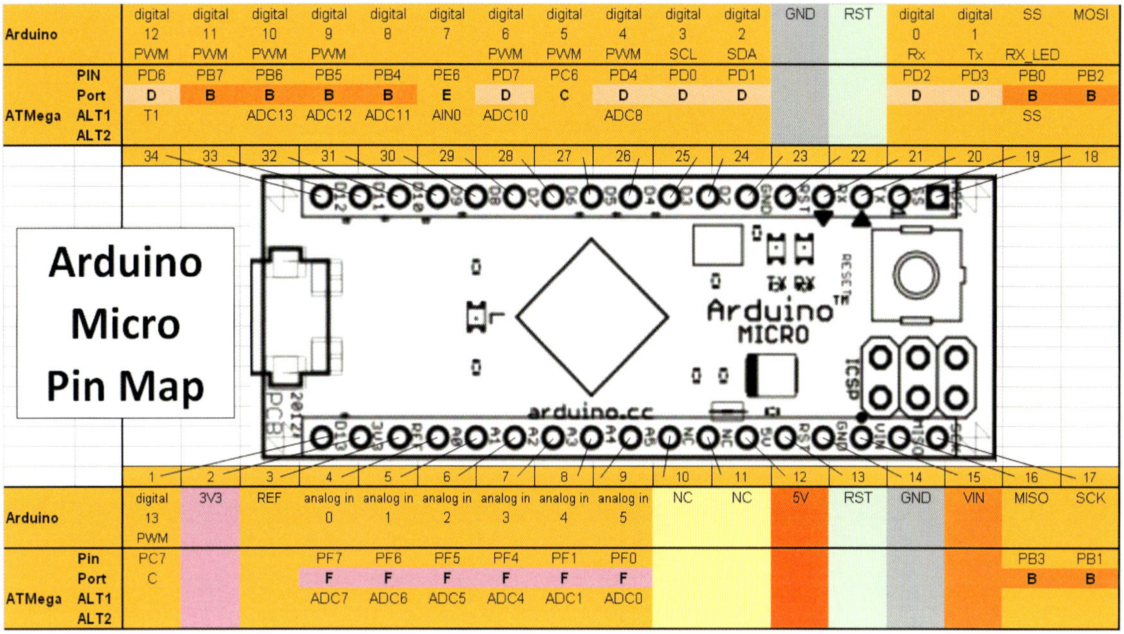

Abb. 1.4: Pinzuordnung beim Arduino Micro

1.3 Elektronische Aufbausysteme

Will man eigene Schaltungen und Projekte entwickeln und testen, ist das Anfertigen von geätzten Leiterplatten mit erheblichem Aufwand verbunden. Nach dem Entwurf und dem Layout der Platine muss diese chemisch geätzt werden. Dann erst kann das Einlöten der Bauteile erfolgen. Soll die Schaltung nachträglich geändert oder verbessert werden, ist das nur mit erheblichem Aufwand und meist auch nur mit großen Einschränkungen möglich.

Wesentlich einfacher ist der Einsatz von sogenannten lötfreien Steckplatinen. Sie werden oft auch unter dem Namen *Breadboards* vertrieben. Der Name rührt daher, dass in den Anfangszeiten tatsächlich elektronische Prototypen auf hölzernen Brotbrettern aufgebaut wurden. Sie waren mit Lötnägeln bestückt. Die in früheren Zeiten oftmals noch recht voluminösen Komponenten wurden dann über diese Lötnägel verbunden.

Breadboards waren auch in den Entwicklungsabteilungen der Elektronikindustrie weitverbreitet. Es war durchaus üblich, auch kommerzielle Schaltungen oder Schaltungsteile zunächst auf einem Breadboard auszutesten. Leistungsfähige Simulationswerkzeuge sorgten aber dafür, dass der Einsatz der Breadboards deutlich zurückging. Neue Schaltungsideen werden nun hauptsächlich virtuell am Rechner überprüft, reale Aufbauten, egal ob als Breadboardversion oder als Leiterplattenprototyp, bilden eher eine seltene Ausnahme. In der Elektronikausbildung und an Hochschulen sind Breadboard-Schaltungen aber immer noch häufig anzutreffen.

Im Hobbybereich werden sie sogar wieder öfter verwendet. Durch die Massenproduktion wurden die Breadboards sehr preiswert, sodass hier in den letzten Jahren der Einsatz wieder zugenommen hat. Im Umfeld der Arduino-Gemeinde haben sich lötfreie Steckbretter sogar hervorragend bewährt. Waren sie bei den klassischen Arduino-Versionen noch recht umständlich über Drähte mit den Buchsenleisten der Boards zu verbinden, kann man nun den Arduino Micro in geradezu idealer Weise in ein Breadboard einsetzen. Wackelkontakte, wie sie früher bei den umständlichen Drahtbrückenverbindungen häufig auftraten, gehören nun der Vergangenheit an.

Manchmal hört man das Argument, dass eine Breadboard-Schaltung über längere Zeit hinweg nicht zuverlässig funktioniert. Die Praxis aber beweist das Gegenteil. Wenn man beim Aufbau sorgfältig vorgeht, kann man auch eine Breadboard-Schaltung problemlos im Dauereinsatz betreiben. In Kapitel 1.4 werden einige Tipps und Ratschläge für erfolgreiche Breadboard-Aufbauten gegeben.

Natürlich gibt es Situationen, in denen eine Breadboard-Schaltung nicht zu empfehlen ist. In Fahrzeugen beispielsweise oder in anderen Umgebungen, bei denen mit stärkeren Vibrationen zu rechnen ist. Bei hohen Luftfeuchtigkeiten oder großen Temperaturschwankungen, wird ein Breadboard-Aufbau ebenfalls keine hohe Zuverlässigkeit erreichen, da die Kontaktfedern in diesem Fall leicht korrodieren.

In normalen Wohnräumen dagegen spricht nichts gegen den Dauereinsatz. Wenn die Schaltung in ein Gehäuse eingebaut wird und so vor Staub und mechanischen Einflüssen geschützt ist, kann eine Schaltung über Jahre hinweg zuverlässig arbeiten.

In Kapitel 12 des Buchs wird darauf eingegangen, wie man eine fertig entwickelte Schaltung dauerhaft auf einer Lochrasterplatine aufbauen kann. Der letzte Schritt wäre dann die Entwicklung einer geätzten Leiterplatte. Dieser Schritt lohnt sich allerdings meist nur, wenn bereits eine Kleinserie gefertigt werden soll. Bei Einzelstückzahlen ist es so gut wie immer günstiger, beim Lochrasteraufbau zu bleiben.

Experimentierboards gibt es in den unterschiedlichsten Ausführungen, Formen und Farben. Meist weisen sie ein Hauptsteckfeld auf, das aus zwei Reihen mit Metallfedern besteht. Die Metallfedern haben jeweils 5 Öffnungen, die zur Aufnahme von Bauteildrähten dienen. Bauteilanschlüsse, die in eines dieser 5 Aufnahmelöcher gesteckt werden, sind leitend miteinander verbunden.

Daneben weisen viele Boards noch zwei sogenannte Busschienen auf. Hier gibt es mehrere Varianten. Entweder sind die Schienen über die gesamte Länge des Steckboards miteinander verbunden oder sie sind in zwei elektrisch getrennte Teilschienen aufgeteilt.

Kleinere Experimentierboards verfügen oft nur über jeweils eine einzelne Schiene pro Boardseite. Bei größeren Steckboards ist häufig eine Doppelschiene an jeder Seite vorhanden. Oft können die Schienen auch vom Board abgetrennt werden. Meist dienen die Busschienen der Stromversorgung. Im Bedarfsfall können sie aber auch zur Signalführung verwendet werden.

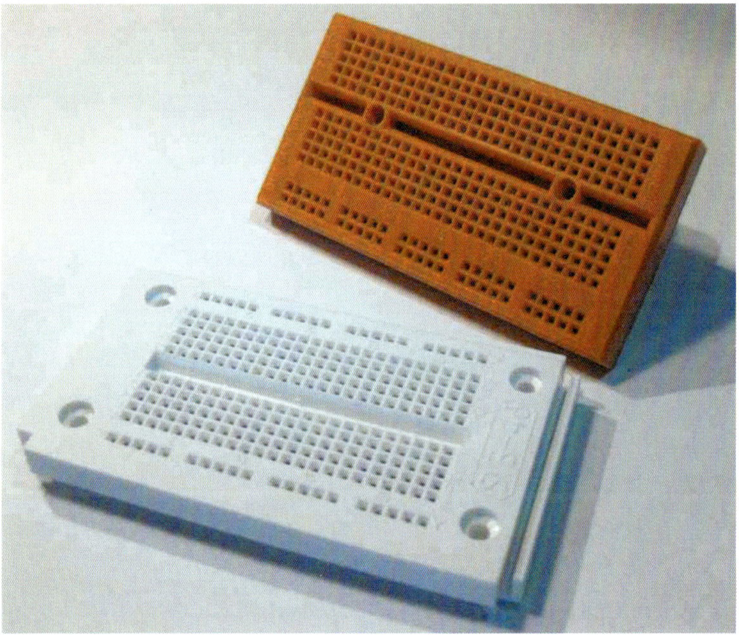

Abb. 1.5: Breadboards in verschiedenen Ausführungen

1.4 Breadboard-Betrieb des Arduino Micro

Der Arduino Micro ist ideal für den Betrieb in einem Breadboard geeignet. Allerdings sollte man einige Vorsichtsmaßnahmen berücksichtigen, wenn man dauerhaft erfolgreich mit dem Micro arbeiten will.

Insbesondere wenn die Steckplatinen noch neu sind, kann das Einstecken der Anschlusspins einigen Kraftaufwand erfordern. In diesem Fall kann man die Buchsen des Breadboards mit einer Stecknadel etwas aufweiten. Allerdings sollte man das nicht übertreiben, da es sonst zu Wackelkontakten kommen kann.

Beim Einsetzen eines Arduino Micro in ein neues Breadboard sollte man behutsam vorgehen, da es bei Anwendung zu großer Kräfte leicht zu Beschädigungen am Board kommen kann. So entstehen unter Umständen Haarrisse, die im Lauf der Zeit zu Kontaktproblemen an den Pins führen können.

Abb. 1.6: Arduino Micro in einem Breadboard

Auch beim Entfernen der Arduino-Platine aus einem Breadboard ist Vorsicht geboten. Unsachgemäßes Vorgehen kann auch hier wieder zu Schäden am Arduino führen. Am besten geht man so vor wie in der folgenden Abbildung gezeigt. Mir einem kleinen Schraubenzieher hebt man den Arduino zunächst an einer Seite leicht an. Dann zieht man auf der anderen Seite nach. Wenn die Anschlusspins weit genug aus den Öffnungen des Breadboards herausgezogen sind, kann man den Micro ohne großen Kraftaufwand vollständig aus dem Breadboard ziehen.

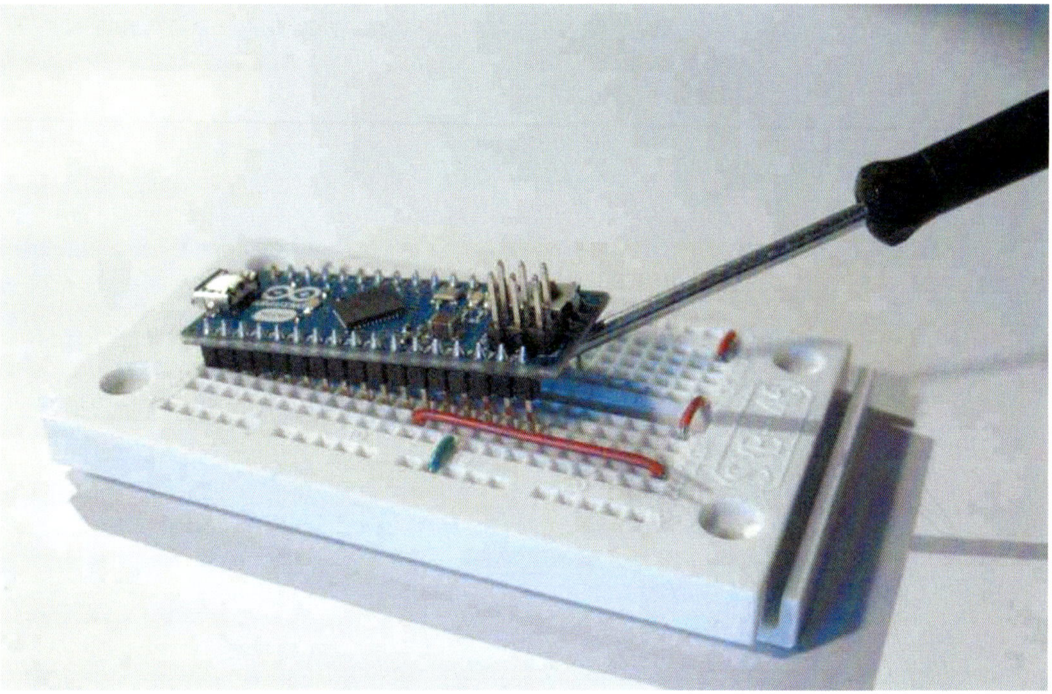

Abb. 1.7: Entfernen des Arduino Micro aus einem Breadboard

Auch sollte man sich von Anfang an daran gewöhnen, Schaltungen übersichtlich und sauber aufzubauen. Das hat verschiedene Vorteile. Zunächst kann man bei einer sauber aufgebauten Schaltung wesentlich leichter den Überblick behalten. Wenn man insbesondere bei größeren Projekten einzelne Schaltungsgruppen zusammenfasst und gemäß ihrer Funktionalität auf dem Breadboard anordnet, bleiben auch komplexe Aufbauten leicht überschaubar. Wie die Erfahrung zeigt, werden Schaltungen im Lauf der Zeit häufig geändert und erweitert. Wenn man aber damit beginnt, Bauelemente beliebig auf dem Breadboard zu verteilen, werden immer längere Verbindungsdrähte nötig, und es bleibt bereits nach kürzester Zeit kein Raum mehr für Erweiterungen und Ergänzungen.

Im Internet finden sich zahlreiche Abbildungen von Breadboard-Schaltungen, die an Unübersichtlichkeit nicht mehr zu überbieten sind. Immerhin können diese Aufbauten noch als negative Beispiele dienen ...

Ein weiterer wichtiger Punkt ist die Fehlersuche. Auch bei den besten Entwicklern funktionieren Schaltungsaufbauten meist nicht auf Anhieb. Bei einem klar strukturierten Aufbau können Fehler aber weit einfacher lokalisiert werden. Eine Fehlersuche in einem unübersichtlichen Aufbau ist praktisch aussichtslos! Leider ist das Internet voll mit »Vorbildern«, auf denen

Leitungen und Bauelemente zufällig verstreut angeordnet sind. Der Versuch, eine solche Schaltung nachzubauen, ist von vornherein zum Scheitern verurteilt.

Ein gut durchdachter Aufbau hat schließlich auch noch rein technische Vorteile. Kurze Leitungen sind wesentlich weniger empfindlich gegen Störeinstrahlungen und das Übersprechen von benachbarten Leitungen ist geringer. Insbesondere wenn es um das Auslesen von Sensormesswerten oder die Erfassung von kleinen Spannungen etc. geht, ist das ein nicht zu unterschätzender Vorteil.

1.5 Die Stromversorgung für den Micro

Sobald der Micro mit einem aktiven USB-Port verbunden ist, wird er darüber auch mit Strom versorgt. Ideal ist, wenn der Arduino nicht direkt an einen USB-Port des Rechners angeschlossen, sondern über einen aktiven Hub mit einem PC oder Laptop verbunden wird. Im Falle eines Kurzschlusses wird so in den allermeisten Fällen nur der deutlich preisgünstigere Hub und nicht der Rechner beschädigt.

Tipp

Zur Vermeidung von Schäden am PC sollte man den Arduino immer über einen aktiven Hub mit dem Rechner verbinden!

Angezeigt wird eine angeschlossene Stromversorgung durch die blaue Power-LED auf der Unterseite des Boards. Diese LED ist bei einem eingesteckten Micro nicht direkt sichtbar, aber das blaue Leuchten unter der Platine gibt einen deutlichen Hinweis auf die aktive Stromversorgung.

Häufig will man den Micro aber auch unabhängig von einem PC oder Laptop betreiben. Dann kann man entweder ein Netzteil oder Batterien/Akkus verwenden. Für den Betrieb mit diesen Energiequellen besitzt der Micro eine eingebaute Spannungsstabilisierung. Das Umschalten zwischen der USB-Versorgung und einer externen Spannungsquelle erfolgt automatisch.

Externe Spannungsquellen müssen an die Pins GND (Minus) und VI (Voltage Input) angeschlossen werden. Hier sind Spannungen zwischen

U_{min} = 6 V und U_{max} = 20 V (Maximalbereich)

zulässig. Der empfohlene Spannungsbereich liegt allerdings zwischen

U_{min} = 7 V und U_{max} = 12 V (empfohlener Bereich).

Allerdings ist bei Verwendung dieser Spannungsversorgungsvariante größte Aufmerksamkeit geboten. Bei den klassischen Arduino-Versionen war für die externe Spannungszuführung eine Hohlbuchse vorgesehen. Hier war eine Fehlbeschaltung weitgehend ausgeschlossen.

Warnung

Spannungen größer als 5 V dürfen nur an den VI-Pin angeschlossen werden!

Beim Arduino Micro ist der VI-Eingang allerdings nur ein Pin wie jeder andere auch. Wenn man irrtümlicherweise auch nur kurzfristig (!) die zu hohe Eingangsspannung an einen falschen Pin anlegt, wird der Arduino mit hoher Wahrscheinlichkeit irreparabel zerstört!

Der eingebaute Regler kann bei Eingangsspannungen von weniger als 7 V unter bestimmten Umständen nur noch weniger als 5 V für den Controller zur Verfügung stellen. Das kann dazu führen, dass der ATmega nicht mehr stabil läuft. Die folgende Abbildung zeigt, wie die Versorgungsspannung des Controllers von der Eingangsspannung an Pin »VI« abhängt.

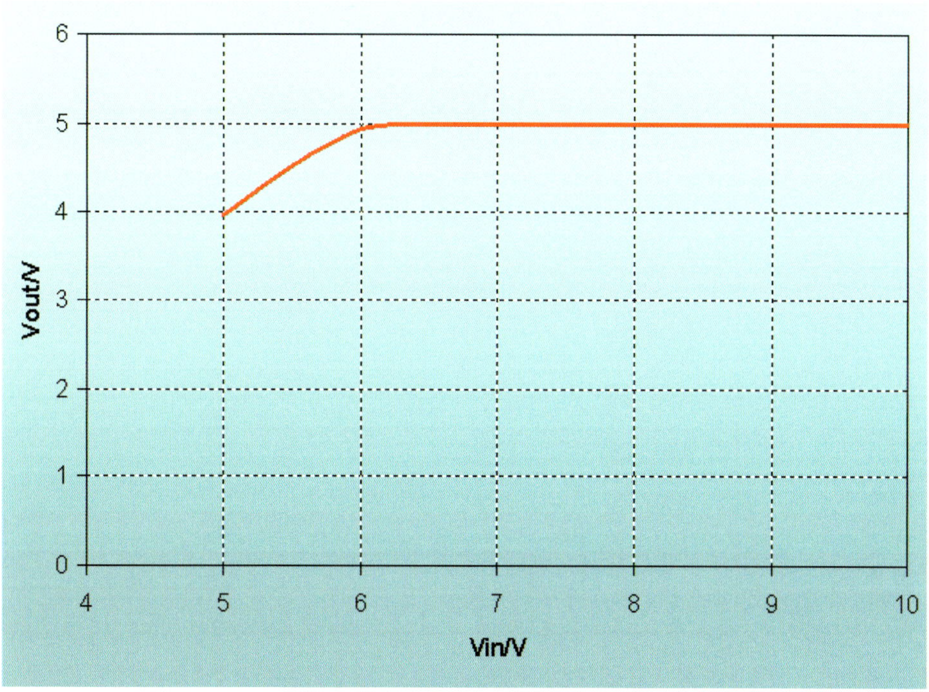

Abb. 1.8: Abhängigkeit der Versorgungs- von der Eingangsspannung

Spannungen von mehr als 12 V verursachen dagegen hohe Verlustleistungen im Regler, sodass dieser, insbesondere bei hohen Lasten an den Controllerausgängen überhitzen kann. Das führt unter Umständen zur Zerstörung des gesamten Arduino Micro.

Die Spannungsversorgungspins haben also die folgenden Bedeutungen:

VI: Spannungseingang für die externe Versorgungsspannung. Wird hier eine Spannungsquelle zwischen 6 V und 20 V angeschlossen, schaltet das Board automatisch auf diese Energiequelle um.

5V: Hier steht die geregelte 5-V-Versorgungsspannung des Controllers für externe Anwendungen zur Verfügung. Allerdings sollte diese Spannungsquelle nicht zu hoch belastet werden. Für Motoren oder Servos empfiehlt sich daher eine eigene Stromversorgung (siehe hierzu auch Kapitel 9.4 und 9.10).

3V: An diesem Pin liegen 3,3 V an (nicht 3,0 V!). Diese Spannung wird von einem eigenen Regler erzeugt. Die Stromentnahme ist hier allerdings auf maximal 50 mA begrenzt. Diese Spannung dient zur Versorgung von 3,3-V-Komponenten. Sie wurde bei früheren Arduino-Versionen vom USB/RS-232-Wandler geliefert und ist nun aus Kompatibilitätsgründen auch auf dem Micro vorhanden.

Ground Pins (GND): Der Micro verfügt über zwei Ground Pins, jeweils einen in der oberen und einen in der unteren Pin-Reihe.

Die Batteriespeisung des Arduinos kann somit folgendermaßen realisiert werden. Es können beispielsweise fünf 1,5-V-Batterien in Serie geschaltet werden (Gesamtspannung: 7,5 V), wie der folgenden Abbildung dargestellt.

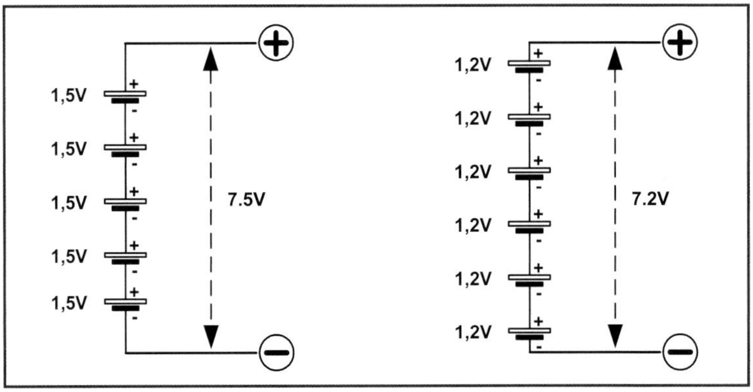

Abb. 1.9: Mobile Spannungsversorgung

Für Experimente sollten gewöhnliche 1,5-V-Zink-Kohle-Batterien (Größe AA) verwendet werden. Sie geben selbst im Kurzschlussfall kaum mehr als 1 A Strom ab. Akkus oder Alkali-Mangan-Batterien können bei unbeabsichtigten Kurzschlüssen mehrere Ampere Strom abgeben und durch Überhitzung erhebliche Schäden an Bauteilen und auch am Steckboard selbst verursachen. Auch die bekannten 9-V-Blockbatterien sind gut geeignet. Sie haben jedoch eine vergleichsweise geringe Kapazität, sodass sie im Dauerbetrieb rasch erschöpft sind.

Alternativ können sechs NiMH-Akkuzellen verwendet werden (Gesamtspannung: 7,2 V). Akkuzellen sollte man allerdings nur dann anschließen, wenn durch ausführliche Tests die korrekte Funktion der zu versorgenden Schaltung absolut sichergestellt ist. Akkuzellen liefern sehr hohe Ströme von bis zu mehreren Ampere. Sie können nicht nur die angeschlossene Schaltung zerstören, sondern im Fehlerfall auch zur Entwicklung von Bränden führen!

Alle Schaltungen sollten zunächst ohne angeschlossene Stromversorgung aufgebaut werden. Im Sinn eines schonenden Umgangs mit elektronischen Bauteilen ist es ist immer sinnvoll, die Stromversorgung erst nach vollständigem Aufbau und gewissenhafter Überprüfung der Schaltungen anzuschließen.

1.6 Grundausstattung eines Arduino-Arbeitsplatzes

Einer der großen Vorteile bei der Beschäftigung mit Mikrocontrollern ist, dass man kein großartig ausgestattetes Elektroniklabor benötigt. Im Gegensatz zur klassischen Elektronikentwicklung kommt man mit einer einfachen Grundausstattung aus.

Wichtig
Akkus nur dann anschließen, wenn vorher die einwandfreie Funktion des Aufbaus sichergestellt wurde!

Tabelle 1.2 gibt einen Überblick über einen Grundstock an Bauelementen. Natürlich sind diese Angaben nur als Richtlinie zu verstehen, und das Bauteilesortiment kann nach eigenen Wünschen erweitert, variiert und ergänzt werden.

Stück	Bezeichnung	Typ
1	Arduino Micro	
1	Micro-USB-Kabel	USB-A auf Micro-USB, siehe Abb. 8.2
1–2	Breadboard, klein	SYB-46
1	Breadboard, groß	ca. 165 mm x 55 mm
1	Widerstandssortiment ca. 100 Stück	10 W bis 1 MW
10	LED 3 mm	Rot
2	LED 5 mm	Weiß
5	Elektrolytkondensator	10 Mikrofarad, 16 V
4	Taster	Schließer
1	Schaltdraht	2 m
10	Kondensatoren	100 nF

Tab. 1.2: Wichtige Grundbauelemente

Darüber hinaus werden für einzelne Projekte noch Spezialbauteile benötigt. Sie sind in den zugehörigen Kapiteln beschrieben.

Zum Programmieren des Arduinos benötigt man einen PC oder Laptop. Hier genügt aber einer Minimalausstattung. Es ist bei Weitem kein Rechner der neuesten Technologiegeneration erforderlich. Die Arduino-IDE läuft auch noch problemlos unter Windows XP auf einem Rechner mit 1 GHz Prozessortakt und 500 MB RAM.

Als Werkzeuge im klassischen Sinn benötigt man einen kleinen Schraubendreher, einen Seitenschneider zum Ablängen und Abisolieren von Drähten und eine gute Pinzette.

Ein Multimeter ist äußerst hilfreich wenn es um das Auffinden von schlechten Verbindungen, die Bestimmung von Portzuständen oder Messung von Versorgungsspannungen etc. geht. Auch hier kann man bestens mit preisgünstigen Geräten auskommen, da es in der Digitaltechnik meist nicht so sehr auf maximale Messgenauigkeit ankommt. Die Abbildung 1.10 zeigt ein Gerät der unteren Preisklasse, das für die allermeisten Anwendungen vollkommen ausreicht.

Abb. 1.10: Ein einfaches Multimeter

Das nach einem Multimeter wichtigste Gerät in einem Mikrocontrollerlabor ist das Oszilloskop. Für den Einsteiger ist ein solches Gerät sicher zunächst verzichtbar, bei der Fehlersuche in komplexeren Schaltungen kann es aber äußerst hilfreich sein.

Ein brauchbares klassisches Oszilloskop ist kaum für weniger als ca. 300 € erhältlich. Allerdings hat die Mikrocontrollertechnik in dieser Hinsicht eine deutliche Verbesserung gebracht. So ist seit einiger Zeit ein Bausatz der Firma JYE Tech für ein Mini-DSO (Digital Storage Oszilloskop) erhältlich. Der Bausatz kann über Onlinehändler auch in Deutschland (siehe Bezugsquellenverzeichnis am Ende des Buchs) bestellt werden. Das DSO besteht im Wesentlichen aus einem AVR-Mikrocontroller mit einem angeschlossenen grafischen Display. Dieser Bausatz hat mehrere Vorteile:

- Er ist preisgünstig.
- Das fertig aufgebaute Gerät ist für viele µC-Messanwendungen absolut ausreichend.
- Der Zusammenbau des Bausatzes selbst ist lehrreich.

Die typischen technischen Daten solcher Geräte sind in der nachfolgenden Tabelle dargestellt.

Maximale Sample Rate	bis 5 Megasamples/s
Vertikale Auflösung	8 bit
Speichertiefe	256 Bytes
Analoge Bandbreite	1 MHz
Eingangsimpedanz	1 MW
Maximale Eingangsspannung	50 Vpp
Vertikale Empfindlichkeit	100 mV/Div bis 5 V/Div
Trigger	Auto, Normal und Single

Tab. 1.3: Technische Daten eines Mini-DSO

Auf Dauer wird man auch nicht auf einen Lötkolben (oder besser eine Lötstation) verzichten können. Reine Breadboard-Aufbauten sind zwar vollkommen lötfrei zu realisieren, jedoch gibt es immer wieder Situationen, in denen man auf das Löten nicht verzichten kann. Drähte oder Litzen müssen häufig an Schalter oder Potenziometer angelötet werden, oder eine Stiftleiste ist mit einem mit einem LED-Display zu verbinden etc. In den meisten Fällen ist eine preiswerte Einsteigerlötstation für solche Anwendungen vollkommen ausreichend.

2 Die Technik des ATmega32U4

Bereits in den frühen 70er-Jahren begannen die ersten Firmen mit der Entwicklung der Mikrocontrollertechnik. Sie vollzogen damit den Übergang von der Technik der verdrahteten Analog- und Logikschaltungen hin zur Welt der hochintegrierten Elektronikkomponenten.

Die ersten Controller wurden für ein spezielles Anwendungsgebiet entworfen und konnten zunächst ausschließlich in den für sie vorgesehenen Bereichen eingesetzt werden. Waren neue Aufgaben zu lösen, wurde die Entwicklung eines vollständig neuen Bausteins erforderlich oder man musste bereits vorhandene Spezialcontroller mit entsprechend hohem Aufwand erweitern oder anpassen.

2.1 Rückblick auf die Mikrocontrollerentwicklung

Erst mit der Entwicklung programmierbarer Logikeinheiten, den sogenannten *Field Programmable Gate Arrays* (FPGAs) konnte man flexibel auf sich ändernde Anforderungen reagieren. FPGAs bestehen im Prinzip aus konfigurierbaren Logikblöcken mit einem zugeordneten Befehlsspeicher. Als sich elektronische Komponenten in vielen Bereichen der Wissenschaft und Technik durchsetzten, waren diese ersten Vorläufer der Mikrocontrollertechnik bestens geeignet, um schnell und präzise auf Veränderungen in der Betriebsumgebung zu reagieren.

Im Rahmen dieser Entwicklung wurde nun auch erstmals zwischen zwei wesentlichen Entwicklungsbestandteilen unterschieden. Einerseits war die Hardware ein fest vorgegebener, nachträglich nicht mehr veränderbarer Teil einer Schaltung, andererseits konnte über die Soft- oder auch Firmware, also über die in den Befehlsspeichern enthaltenen Programmanweisungen, bereits fertiggestellte Hardware an jeweils neue Einsatzgebiete angepasst werden.

Miniaturisierung und Zusammenfassung der nun auf sogenannte »Chips« integrierten Mikroschaltungen führten zusammen mit immer weiteren Funktionseinheiten schließlich zur Entwicklung der ersten Mikrocontroller (µC). So bestanden die ersten Controller nur aus Prozessorkernen mit integrierten Speichereinheiten. Als Speicher waren ursprünglich nur lesbare und wiederbeschreibbare Speicher (ROM und RAM) verfügbar. Die wiederbeschreibbaren Speicher hatten zudem den Nachteil, dass sie ihren Inhalt nach dem Abschalten der Versorgungsspannung verloren. Erst viel später wurden mit dem Aufkommen der Flashspeicher wiederbeschreibbare, nicht flüchtige Speichereinheiten verfügbar.

Nachdem die ersten zuverlässigen Controllereinheiten in großen Stückzahlen hergestellt werden konnten, trennte sich die Entwicklung in die Richtungen Mikrocontroller und Mikroprozessoren. Prozessoren wurden für die klassischen Anwendungen wie Großrechenanlagen und später auch für den sogenannten Mikrocomputerbereich benötigt.

Abb. 2.1: Früher Taschenrechner mit Mikrocontrollertechnologie

Controller kamen immer häufiger in sogenannten *Embedded Systems*, d. h. vollständig integrierten Systemeinheiten zum Einsatz. Hierzu zählen Anwendungen im Automobilbereich genauso wie in der Produktionstechnologie. Aber auch die modernen Anwendungen wie Smartphones oder intelligente Haushaltsgeräte sind nichts anderes als Embedded Systems, die erst durch die aktuelle Controllertechnologie möglich wurden.

Allgemein kann man eine integrierte 4-Bit-Einheit der Firma Texas Instruments als den ersten Vorläufer der modernen Controllertechnik betrachten. Die Anwendungsgebiete dieser ersten 4-Bit-Controller waren zunächst einfache Rechenmaschinen und später die ersten, noch wenig leistungsfähigen Taschenrechner.

Auch Intel stellte schon bald parallel zu den bekannten Prozessoren auch Controller her. Hierzu zählten die Typen 8048 und 8051. Der seit den 80er-Jahren verfügbare 8051-Controller wurde später zum Goldstandard der Controllertechnik und schließlich sogar zu einem der am weitesten verbreiteten elektronischen Bauelemente überhaupt.

Durch die weite Verbreitung wurde der 8051 später auch von einer Vielzahl anderer Hersteller in Lizenz nachgebaut. Auch Atmel gehört zu diesen Lizenzherstellern. So sind die AT89-Typen von Atmel prinzipiell nichts anderes als 8051-Typen mit Flashspeicher, und letztendlich basieren auch die modernen Varianten wie die ATmega-, ATtiny- und ATX-Serien immer noch auf den Grundlagen des Urvaters 8051.

2.2 Funktionseinheiten des ATmega32U4

Aktuelle Mikrocontroller wie den ATmega32U4 kann man als *Ein-Chip-Computer* bezeichnen. Mit ihnen lassen sich komplexe Aufgaben lösen, für die sonst ein aufwendiger Schaltungsaufbau notwendig wäre. Die Controller der ATmega-Serie sind sogar programmierbar, wenn sie bereits fest in eine Schaltung eingebaut sind. Man spricht hier von ISP(In System Programming)-fähigen Controllern.

Mikrocontroller enthalten immer die folgenden Hauptbestandteile:

- CPU
- SRAM
- Flashspeicher für Programmcode

Dazu kommt bei allen modernen Controllersystemen eine umfangreiche Peripherie. Bei den ATmega-Controllern sind standardmäßig die folgenden Einheiten integriert:

- analoge und digitale Ports
- mehrere AD/DA-Wandler
- Timer und Counter
- Schnittstellen zur Kommunikation mit der Außenwelt

Mikrocontroller werden in der Regel mit Taktfrequenzen von 1 MHz bis ca. 20 MHz betrieben, entsprechend hochpreisige 32-Bit-Modelle sogar mit weit über 100 MHz. Auf dem Arduino Micro liegt die Taktfrequenz mit 16 MHz im Mittelfeld.

Die Bitzahl eines µC bezeichnet die Breite des internen Datenbusses. Typische Werte sind 8 Bit, 16 Bit und 32 Bit. Hier liegt der ATmega32U4 am unteren Ende der Skala. 8-Bit-Controller sind aber weitverbreitet und reichen für Hobby- aber auch viele professionelle Anwendungen vollkommen aus. Erst bei hochkomplexen und rechenintensiven Aufgaben werden 8-Bit-Systeme immer häufiger von den 16- und 32-Bit-Versionen abgelöst.

In der nachfolgenden Abbildung ist der allgemeine schematische Aufbau eines Mikrocontrollers dargestellt.

Häufig werden Mikrocontroller in Harvard-Architektur realisiert. Dabei sind Daten- und Programmspeicher physikalisch voneinander getrennt. Der Vorteil gegenüber der alternativen Von-Neumann-Architektur, bei der Daten und Programmcode im selben Speicherbereich liegen, ist die Möglichkeit, mit einem einzigen Taktzyklus einen Befehl und die dazugehörigen Daten in die CPU zu holen. Daher wird diese Architektur bevorzugt bei RISC-Kernen verwendet, so auch beim ATmega32U4. Er verfügt über eine Advanced-RISC-Architektur mit 135 leistungsstarken Befehlen. Die meisten dieser Anweisungen können mit einem einzelnen Taktzyklus ausgeführt werden. Das bedeutet, dass der Controller bei einer Taktfrequenz von 16 MHz bis zu 16 MIPS (Mega Instructions per Second) abarbeiten kann.

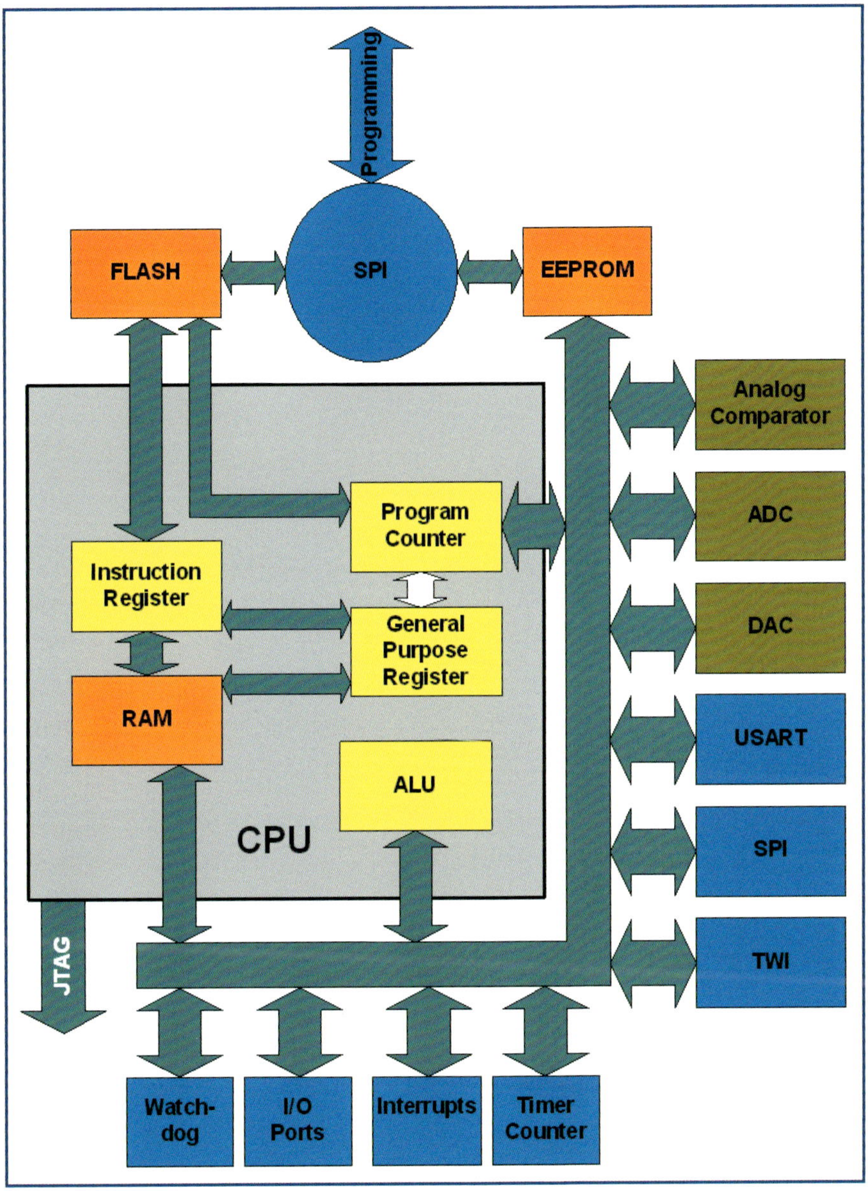

Abb. 2.2: Aufbau eines AVR-Mikrocontrollers

Im Folgenden werden die einzelnen Komponenten eines Controllers und die ihnen zugeordneten Aufgaben näher erläutert.

Die CPU (Central Processing Unit) ist die zentrale Verarbeitungseinheit eines Prozessors oder Controllers. Gelegentlich wird sie auch einfach als *Prozessor* bezeichnet. In der CPU wird ein Programmbefehl nach dem anderen abgearbeitet.

Für die sequenzielle Abarbeitung von Anweisungen enthält die CPU ein Steuerwerk, das jeden einzelnen Befehl in zeitlich aufeinanderfolgende Bearbeitungsschritte umsetzt. Bei Operationen mit arithmetischen oder logischen Verknüpfungen wird zusätzlich das Rechenwerk miteinbezogen.

Die für die Befehlsbearbeitung notwendigen Operanden werden im Allgemeinen den CPU-internen Speicherplätzen, den sogenannten Registern, entnommen. Die Register wiederum werden aus den externen Speicherplätzen, insbesondere dem RAM, versorgt.

Externe Speicherplätze sind über das Bussystem mit der CPU verknüpft. Dieses Bussystem wird auch für die Kommunikation der CPU mit anderen Elementen des Controllers, also etwa den Ports oder der Peripherie, genutzt.

Ein spezieller Fall ist die Option, dass periphere Komponenten, also z. B. ein ADC, ohne Teilnahme der CPU-Daten über einen Bus beispielsweise in das RAM senden können. Dieses Verfahren wird auch als DMA (Direct Memory Access) bezeichnet. DMA gestattet es also z. B. analoge Messwerte schnell zu erfassen und im Speicher abzulegen.

Die Koordination aller Bussignale übernimmt ein eigener sogenannter Steuerbus. Hier wird u. a. auch die Übertragungsrichtung der Bussignale überwacht.

In modernen Controllern gibt es drei Arten von Speichern:

Typ	Eigenschaft	Anwendungen	Verfügbare Speichergröße im ATmega32U4
Flash	Permanentspeicher, nichtflüchtig	Hier werden Programmanweisungen und spezielle Daten abgelegt	32 kB
EEPROM	Nicht flüchtiger Speicher für wenig veränderliche Daten	Speicherung von Kalibrationskonstanten für A/D-Wandler oder Sensoren etc.	1 kB
RAM	Flüchtiger Arbeitsspeicher	Speichern von Variablen und Werten, die im Programmverlauf häufig verändert werden	2,5 kB, internes SRAM

Tab. 2.1: Speichertypen und deren Größe im ATmega32U4

Im Speicher des Controllers werden sowohl die Programme als auch die Daten, also Variablen und Konstanten, für die CPU bereit gehalten. Moderne Controller enthalten mehrere Kilobytes Flashspeicher. Diese Speicherart zeichnet sich dadurch aus, dass ihr Inhalt auch nach dem Abschalten der Betriebsspannung erhalten bleibt. Ein einmal in den Flashspeicher geschriebenes Programm steht also so lange für den Controller zur Verfügung, bis es durch ein neues ersetzt wird. Die Größe des Flashspeichers im ATmega32U4 wird von Atmel durch die »32« in der Typenbezeichnung des Controllers angegeben.

Im RAM(Random Access Memory)-Speicher werden während der Ablaufzeit des Programms alle Variablen und alle sich häufig verändernden Daten abgelegt, da ein RAM-Speicher praktisch beliebig oft beschrieben und gelesen werden kann. Die im RAM abgelegten Daten gehen allerdings nach dem Abschalten der Versorgungsspannung verloren.

Schließlich enthält praktisch jeder Controller noch ein sogenanntes EEPROM (Electrically Erasable Programmable Read Only Memory). Dieser Speichertyp ist nicht flüchtig, d. h., die darin enthaltenen Daten bleiben auch ohne angelegte Betriebsspannung erhalten. Hier werden beispielsweise wichtige Kalibrationsdaten für externe Sensoren etc. abgelegt.

Für die Permanentspeicher werden von Atmel 10.000 Schreib-Lese-Zyklen für den Flashspeicher und 100.000 Lesezyklen für das EEPROM garantiert. Die Daten bleiben bei normaler Raumtemperatur (25 °C) mindestens 100 Jahre lang erhalten. Bei erhöhten Temperaturen von beispielsweise 85 °C, wie sie z. B. im Automotive-Sektor häufig auftreten, verringert sich dieser Zeitraum auf 85 Jahre.

Darüber hinaus verfügt der ATmega32U4 über einen optionalen Boot-Code-Sektor, der über spezielle Lockbits gesichert werden kann.

Jeder Controller benötigt einen sogenannten Takt. Dieser besteht aus einem rechteckförmigen Signal, das den zeitlichen Ablauf in einem Controller steuert. Bei jedem Pegelwechsel des Taktsignals geht der Mikrocontroller von einem elektrisch stabilen Zustand in den nächsten über.

Im Idealfall wird bei jedem Takt ein Controllerbefehl ausgeführt. Bei verschiedenen Controllertypen werden aber auch mehrere Taktzyklen für die Abarbeitung eines einzelnen Befehls benötigt.

Im Arduino Micro wird der ATmega32U4 mit seiner maximalen Taktrate von 16 MHz betrieben. Deshalb muss der Chip auch mit 5 V versorgt werden. Bei geringeren Versorgungsspannungen sinkt die maximal zulässige Taktrate auf 8 MHz ab. Um eine hohe Frequenzstabilität zu gewährleisten, wird der Takt über einen externen 16-MHz-Quarz erzeugt. Auf diese Weise wird auch ein sicherer Betrieb der USB-Schnittstelle gewährleistet.

Die Eingabe/Ausgabe(I/O)-Ports (I/O = Input/Output) stellen die Schnittstelle des Controllers zur Außenwelt dar. Der ATmega32U4 verfügt über 26 programmierbare I/O-Pins. Sie können jeweils entweder als Ein- oder als Ausgänge konfiguriert werden.

Im Unterschied zu einem Mikroprozessor verfügt ein Controller über integrierte Peripherie-Einheiten. Die wichtigsten peripheren Systeme wie Timer, serielle Schnittstellen oder Pseudoanalogausgänge (PWM) sind in jedem modernen Controller vorhanden. Die folgende Tabelle zeigt eine Übersicht über die wichtigsten allgemeinen Peripherieeinheiten des ATmega32U4.

Um schnell auf unvorhergesehene Ereignisse reagieren zu können, enthalten Mikrocontroller auch sogenannte Interrupteinheiten. Damit kann erreicht werden, dass der Controller nahezu verzögerungsfrei auf bestimmte Signale reagiert. Das ist beispielsweise bei Alarmsignalen von großer Bedeutung. Der ATmega32U4 besitzt keine speziellen Interrupt-Pins. Vielmehr kann jeder I/O-Pin so konfiguriert werden, dass er bei einem Pegelwechsel einen Interrupt auslöst.

Zur Standardperipherie kommen häufig weitere wichtige Komponenten wie Analog-digital-Wandler (ADCs) oder Digital-analog-Umsetzer (DACs) hinzu. Tab. 2.2 gibt einen Überblick über die Spezialperipherie-Einheiten im ATmega32U4.

Während bei früheren Controllerfamilien nur eine RS-232-kompatible Schnittstelle zum Standard gehörte, finden sich in modernen Controllern immer häufiger auch integrierte USB-Einheiten. Damit wird der Tatsache Rechnung getragen, dass sowohl bei den PCs als auch im Bereich professioneller Steuer- und Regelungssysteme die RS-232-Schnittstelle ausstirbt und durch USB-Systeme ersetzt wird. So verfügt auch der ATmega32U4 über eine integrierte USB-Einheit. Das wird durch das »U« in der Typenbezeichnung angedeutet.

Einheit	Anwendung	Verfügbare Einheiten im ATmega32U4
Timer	Messung von Zeitintervallen, Frequenzen oder Periodendauern	1x 8-bit Timer/Counter mit separatem Prescaler und Compare Mode, 2x 16-bit Timer/Counter mit separatem Prescaler, Compare Mode und Capture Mode, 1x 10-bit High-Speed Timer/Counter mit 64 MHz-PLL und Compare Mode
I/O-Ports	Ein- und Ausgabe von digitalen Signalen	26 Programmierbare I/O-Pins Alle I/Os sind als CMOS-Ausgänge und LVTTL-Eingänge konfigurierbar
Interrupts	Schnelle Reaktion auf unvorhersehbare Ereignisse	Interrupt-Auslösung durch Pegeländerung an einem beliebigen I/O-Port

Tab. 2.2: Allgemeine Peripherie-Einheiten des ATmega32U4

Neben der Standardperipherie finden sich beim ATmega32U4 noch weitere nützliche Systemeinheiten. Damit wird der Anwendungsbereich des Controllers deutlich erweitert und die Anzahl eventuell notwendiger externer Komponenten stark reduziert.

Einheit	Anwendung	Verfügbare Einheiten im ATmega32U4
USART und serielle Schnittstellen	Übertragung von Daten vom Controller zu einem Rechner	Programmierbare serielle USART mit Hardware Flow-Control, Master/Slave SPI Serial Interface, Byte-orientiertes 2-wire serielles Interface
USB-Schnittstelle	Datenübertragung über den Universal Serial Bus	Integriertes USB-2.0-full-speed- und low-speed-Device-Modul, vollständig kompatibel mit Universal-Serial-Bus-Spezifikation Rev. 2.0, Unterstützung von Datentransferraten von bis zu 12 Mbit/s
PWM-Kanäle	Erzeugung von Quasianalog-signalen	4x 8-bit PWM-Kanäle,mit programmierbarer Auflösung von 2 bis 16 Bits, 6 PWM-Kanäle für High Speed Operationen mit einer programmierbaren Auflösung von 2 bis 11 Bits
Analog-digital-Converter	Erfassung von analogen Spannungspegeln	12-Kanal-ADC mit 10-bit-Auflösung mit differenziellen Eingängen und programmierbaren Verstärkungsfaktoren

Tab. 2.3: Spezialperipherie im ATmega32U4

3 Direkter Prozessorzugriff über USB

Dem einfachen Aufbau von µC-Schaltungen auf der Hardwareseite steht der vergleichsweise hohe Aufwand für die Programmierung des Bausteins gegenüber. Hierfür ist wiederum eine eigene Hardware in Form eines sogenannten *Programmers* erforderlich. Ein Programmer muss aber nur einmalig angeschafft werden und kann dann immer wieder zum Einsatz kommen.

Die Klassiker unter den Programmern sind die Kits von Atmel, die in verschiedenen Versionen angeboten werden. Da diese aber oft keine reinen Programmer, sondern komplette Evaluationsboards sind, sind sie entsprechend teuer.

3.1 Bootloader und USB-Schnittstelle

Eine Alternative zu den Programmern sind die sogenannten Bootloader. Hierbei handelt es sich um kleine Programme, die in den Controller geladen werden und dann gestatten, diesen auch ohne Hardware-Programmer mit neuen Anwendungsprogrammen zu beschreiben. Generell arbeiten praktisch alle Varianten der Arduino-Familie mit diesem Verfahren. Deshalb ist für die Programmierung der Arduino-Boards kein zusätzlicher Programmer erforderlich.

Die ersten Arduino-Modelle verfügten lediglich über eine RS-232-Schnittstelle, über die die sogenannten *Sketche* in den Controller übertragen werden konnten. Da das RS-232-Interface aber inzwischen so gut wie ausgestorben ist, war man gezwungen, auf die modernere USB-Schnittstelle umzusteigen.

So wurde dem Arduino Duemilanove (2009) ein Schnittstellenwandler spendiert. Er ist in der Lage, USB-Signale in einen RS-232-kompatiblen Datenstrom umzuwandeln. Ein großer Nachteil dieses Verfahrens ist der hohe Preis des erforderlichen FTDI232-Chips der Firma Future Technologies.

Deshalb wurde der Chip im Arduino UNO durch einen Controller des Typs ATmega16U2 ersetzt. Der ATmega16U2 verfügt über eine integrierte USB-Schnittstelle und kann so auch als Wandler von USB zu RS-232 eingesetzt werden. Als Hauptcontroller verwendet der UNO aber einen zweiten Chip vom Typ ATmega328.

Erst beim Leonardo wurde auf den Zwischenschritt eines eigenen Controllers verzichtet. Hier wurde erstmals der Hauptcontroller, ein ATmega32U4, direkt über USB angesteuert.

Beim Arduino Micro wurde diese Variante ebenfalls eingesetzt, sodass der Micro lediglich über einen einzigen Controllerchip verfügt. Durch den Einsatz einer miniaturisierten SMD-Gehäusebauform des Controllers konnte die Platine so weit verkleinert werden, dass sie nur mehr die Grundfläche eines klassischen IC mit 0,6-Zoll-Raster hat – der Arduino Micro war geboren!

3.2 Grundlagen der USB-Technik

Das USB-Interface ist ein standardisiertes Bussystem, das die moderne Multimediatechnik revolutioniert hat. Neben den bekannten USB-Speichersticks und externen USB-Festplatten werden inzwischen auch Digitalkameras oder Smartphones sowie eine Vielzahl weiterer Geräte praktisch nur noch über USB mit PCs oder Laptops verbunden.

Die USB-Schnittstelle ist hot-plug-fähig, d. h., Geräte können im laufenden Betrieb angeschlossen werden. Es ist lediglich darauf zu achten, dass die Trennung vom Hostgerät nicht während eines Schreibvorgangs auf den Client erfolgt.

Wenn ein USB-Gerät an den PC angeschlossen wird, wird es vom Betriebssystem adressiert. Danach kann es mit bestimmten Registern im Gerät, den sogenannten Endpunkten, kommunizieren. Die Kommunikation zwischen Host und USB-Gerät kann auf verschiedene Arten ablaufen:

- Via Kontrolltransfer: Er dient dem Austausch von Konfigurations- und Statusdaten.
- Via Bulk-Transfer: Er ist geeignet für große Datenmengen. Dabei wird immer ein aktuell verfügbares Zeitfenster verwendet.
- Via Interrupt-Transfer: Er dient zum Übertragen von Daten, die unregelmäßig und zu verschiedenen Zeiten vorliegen. Die Daten werden zwischengespeichert und können nach dem Auslösen eines Interrupts mit hoher Transferrate übertragen werden.
- Via Isochrontransfer: Müssen Daten zeitnah, also möglichst in Echtzeit, übertragen werden, ist dieser Transfermode das Mittel der Wahl. Zusätzlich zu den Daten selbst werden hier noch Timing-Daten zur Analyse von Verzögerungen etc. mit übertragen.

3.3 Die USB-Hardwareschnittstelle des ATmega32U4

Der ATmega32U4 verfügt über ein fest integriertes USB-2.0-Subsystem. Es ist intern mit dem 8-Bit-Daten- und Adressbus der AVR-CPU verbunden. Nach außen, zu den Anschlusspins, führen die USB-Leitungen D- und

D+. Am Anschlusspin VBUS kann die USB-Versorgungsspannung von 5 V angelegt werden.

USB ist ab der Version 2.0 in der Lage, mit einer maximalen Transferrate von 12 MBit/s zu arbeiten. Ein USB-fähiger Baustein benötigt daher immer eine Taktfrequenz von 12 MHz. Um Übertragungsfehler auszuschließen, muss dieser Takt mit einer vergleichsweise hohen Frequenzgenauigkeit vorliegen. Dazu wird der quarzstabilisierte Systemtakt von 16 MHz mithilfe eines PLL-Bausteins auf eine Frequenz von 48 MHz verdreifacht. Anschließend erfolgt eine Frequenzteilung durch vier, sodass schließlich die für die USB-Schnittstelle erforderliche Taktfrequenz von 12 MHz vorliegt.

Der interne USB-Baustein des ATmega übernimmt nur die elektrische Steuerung des USB-Anschlusses sowie die Anbindung an den Datenbus der controllerinternen CPU. Im Gegensatz zu den in früheren Arduino-Modellen eingesetzten externen USB-Bausteinen von FTDI muss die Protokollebene im Controller des Arduino Micro softwareseitig implementiert werden. Die Basis hierfür ist über einen eigenen USB-Stack für die Protokollebene implementiert. Der Stack übernimmt auch die Enumeration, also das Anmelden des USB-Devices am Host-PC sowie die Datenkommunikation während des aktiven Schnittstellenbetriebs.

Diese Softwarearchitektur unterstützt den Betrieb von Geräten sowohl im Low-Speed(1,5 Mbit/s)- als auch im Full-Speed(12 Mbit/s)-Modus. Für Standardklassen wie zum Beispiel Human Interface Devices (HID) wie Mäuse oder Tastaturen sind bereits fertige Module implementiert. Sie können dann in die in Kapitel 8 beschriebenen Anwendungen integriert werden.

Auch alle prinzipiell möglichen Datenübertragungsarten wie die oben genannten Kontroll-, Bulk-, Isochron- und Interrupt-Transfermodi können damit realisiert werden.

Für die Kommunikation der Anwendungssoftware mit der USB-Schnittstelle können bis zu sechs Endpunkte implementiert werden. In jeden dieser Endpunkte können bis zu zwei Puffer integriert werden, sodass der eine Puffer bereits befüllt werden kann, während der andere noch ausgelesen wird.

3.4 Enumeration

Die Anmeldung eines USB-Geräts beim Betriebssystem eines PC wird als Enumeration bezeichnet. Das Betriebssystem, also z. B. Windows oder Linux, fragt dazu bestimmte Informationen vom USB-Gerät ab. Anhand dieser Informationen kann das Betriebssystem einen passenden Gerätetreiber laden und dem USB-Gerät eine Busadresse zuweisen.

4 Programmierung über die Arduino-IDE

Die einfachste Möglichkeit, den Arduino Micro zu programmieren, besteht in der Verwendung der Arduino-IDE. Sie kann in der jeweils neuesten Version von der Internetseite *http://arduino.cc/en/Main/Software* geladen werden.

Die in diesem Buch vorgestellten Sketche wurden alle mit der Version 1.0.5 erstellt. Aus Kompatibilitätsgründen ist es also vorteilhaft, mit dieser Version zu arbeiten. Natürlich kann man auch neuere Versionen verwenden. Falls es aber zu unvorhergesehenen Problemen kommen sollte, ist es immer eine gute Idee, den fraglichen Sketch zunächst mit der Version 1.0.5 zu testen. Oftmals klären sich so offene Fragen von selbst.

Tipp

Die verschiedenen Versionen der Arduino-IDEs sind nicht immer zu 100 % kompatibel. Es kann durchaus vorkommen, dass ein Sketch, der mit einer Version einwandfrei läuft, mit einer späteren Version nicht mehr ordnungsgemäß arbeitet. Man sollte daher immer im Auge behalten, welcher Sketch mit welcher IDE-Version erstellt wurde.

4.1 Starten und Konfigurieren der IDE

Für alle gebräuchlichen Betriebssysteme (Windows, MAC OS und Linux) steht eine eigene IDE-Variante zur Verfügung. Unter Ubuntu wird bei der Systeminstallation sogar ein Downloadicon im Apps-Bereich zur Verfügung gestellt. Die Bedienungsoberfläche der Ubuntu-IDE ist dann weitgehend identisch mit der Windows-Version, sodass die hier beschriebene Vorgehensweise auch für Ubuntu anwendbar ist.

Für Windows liegen die vollständigen Programmpakete als komprimierte Ziparchive vor und können in ein beliebiges Verzeichnis extrahiert werden. Eine langwierige Installation ist nicht erforderlich.

Alternativ werden bei neueren IDEs auch fertige Installationspakete (z. B. *arduino-1.0.5-windows.exe*) angeboten. Natürlich kann man auch damit die IDE problemlos auf einem Rechner installieren. Jeder Anwender kann selbst entscheiden, welche Vorgehensweise er wählt.

Nach dem Entpacken und der Installation ist auf der Festplatte ein vollständiges Arduino-Verzeichnis vorhanden.

Abb. 4.1: Typisches Arduino-Verzeichnis

Das Verzeichnis enthält dann alle zur Programmierung erforderlichen Komponenten. Weiterhin werden unter *examples* noch verschiedene Beispielprogramme mitgeliefert. Darüber hinaus können die Möglichkeiten des Arduinos mit sogenannten Bibliotheken ergänzt werden. Das Startprogramm für die IDE »*arduino.exe*« findet sich im Verzeichnis ...*\arduino-1.0.x*.

Abb. 4.2: Über dieses Icon wird die Arduino-IDE gestartet

Nach erfolgreichem Start erscheint kurz ein Informationsfenster mit den üblichen Angaben zu den Eckdaten der verwendeten Programmversion. Anschließend wird die Oberfläche der IDE angezeigt.

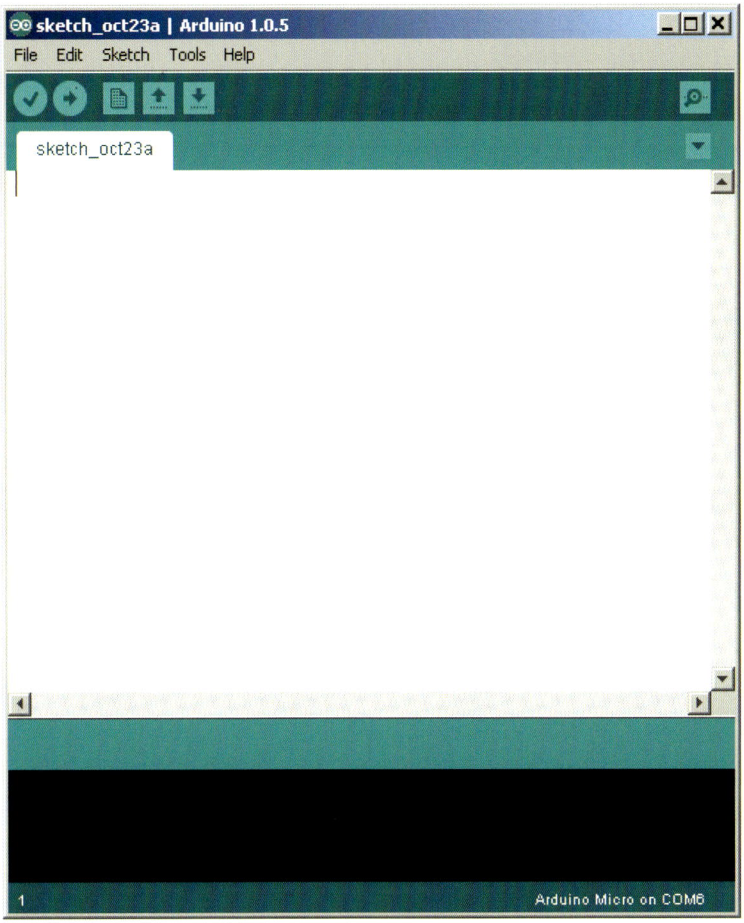

Abb. 4.3: Nach dem Start erscheint ein leeres IDE-Fenster

> **Tipp**
>
> Das USB-Kabel sollte nicht zu lang sein. Kabellängen von mehr als 0,5 m können zu Übertragungsproblemen führen. Der Arduino Micro reagiert auf längere Kabel besonders empfindlich, da die USB-Schnittstelle direkt mit dem Controller verbunden ist. Ist das Kabel zu lang, werden elektromagnetische Störungen eingefangen. Der Micro verweigert unter Umständen den Verbindungsaufbau.

Jetzt kann der Arduino über ein USB-Kabel mit dem PC verbunden werden.

Der Arduino meldet sich mit einer Aufforderung zum Installieren eines Treibers. Diese Installation ist nach wenigen Schritten abgeschlossen und nimmt nur einige Minuten Zeit in Anspruch. Falls es dabei wider Erwarten zu Problemen kommen sollte, finden sich im Arduino-Forum Hinweise zur Fehlerbehebung.

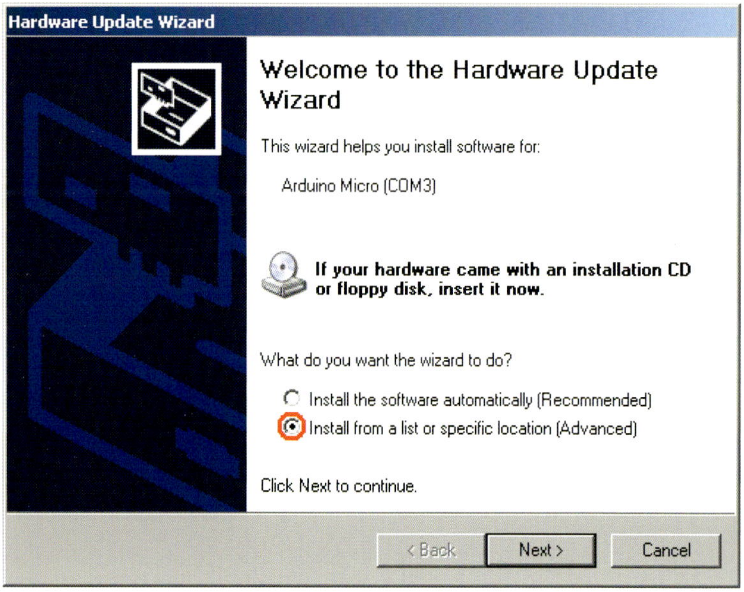

Abb. 4.4: Aufforderung zur Treiberinstallation

Hier ist zu beachten, dass die zweite Auswahl aktiviert wird. Dann wird der Treiber gemäß der folgenden Abbildung ausgewählt.

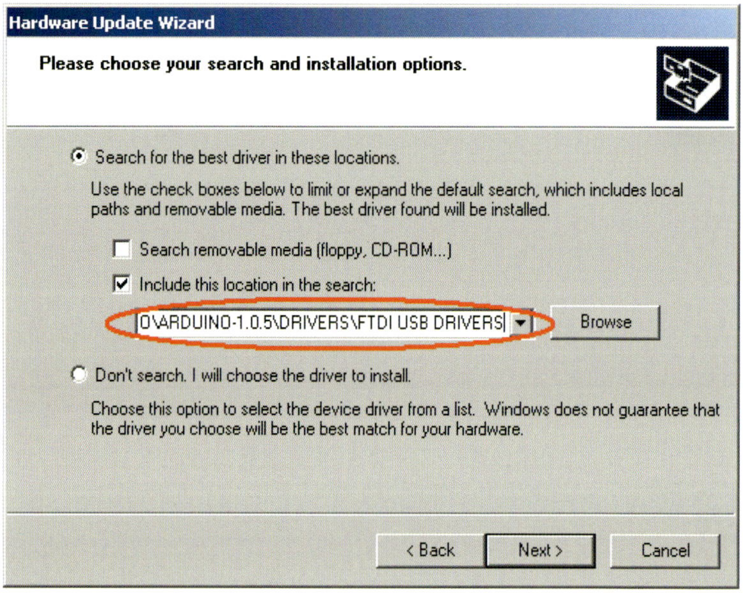

Abb. 4.5: Auswahl des Treibers

Ist der Treiber erfolgreich installiert, kann man im Geräte-Manager überprüfen, unter welchem virtuellen COM-Port der Arduino Micro nun angesprochen werden kann. Es ist vorteilhaft, sich diese COM-Nummer gut zu merken, da sie bei der Konfiguration der IDE wieder benötigt wird.

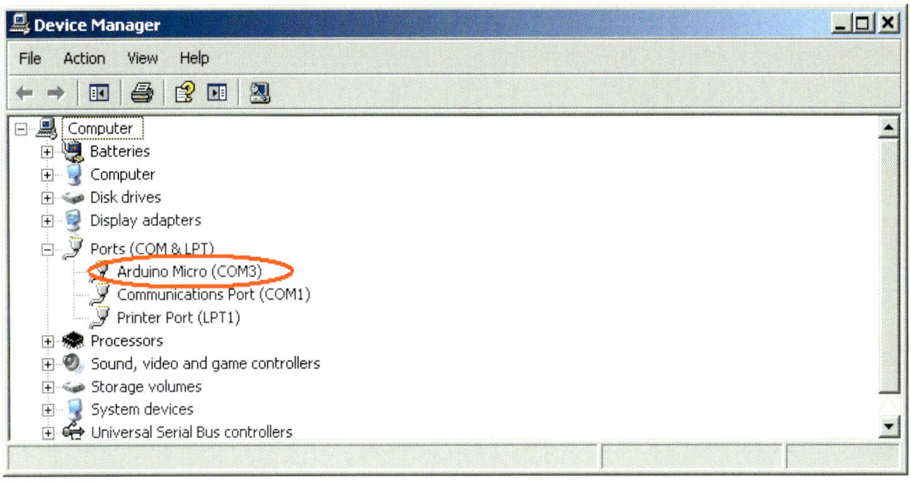

Abb. 4.6: Arduino Micro im Geräte-Manager

Zunächst muss der richtige Arduino-Boardtyp ausgewählt werden. Das erfolgt unter den Menüeinträgen *Tools* und dann *Board*.

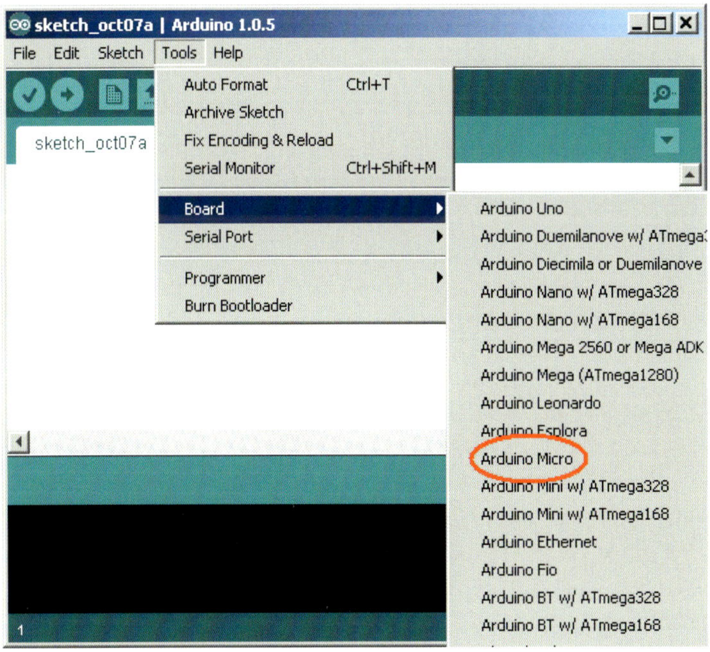

Abb. 4.7: Auswahl des Boardtyps

Dann ist die Selektion des verwendeten virtuellen COM-Ports erforderlich. Meist ist es die letzte Position in der Liste. Falls mehrere Ports angeboten werden und die Nummer nicht aus dem Geräte-Manager bekannt ist, hilft auch einfach das Durchtesten aller angezeigten COM-Nummern.

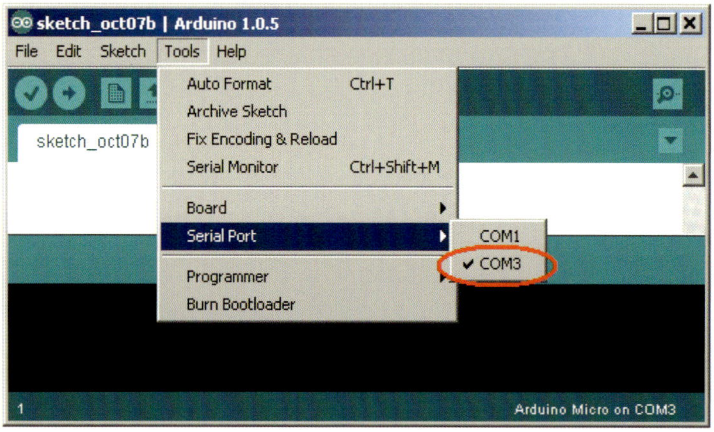

Abb. 4.8: Auswahl des COM-Ports

Alle für die Programmentwicklung notwendigen Steuersymbole finden sich unterhalb der Menüleiste am oberen Rand der IDE. Diese Icons werden noch genauer erläutert. Zunächst sind nur die für das Laden eines ersten Programms erforderlichen Icons wichtig.

Mit dem Symbol *OPEN* wird ein bereits vorhandenes Programm geöffnet. Bitte wählen Sie hierfür das Programm *blink.ino*. Nach dem Laden des Programms sollte die IDE so aussehen wie in der folgenden Abbildung.

Über den Button *UPLOAD* wird das Programm in den Speicher des Mikrocontrollers übertragen. Die mit RX/TX bezeichneten LEDs leuchten dabei in unregelmäßigen Abständen auf und zeigen den Datenverkehr auf der seriellen Schnittstelle an. Gleichzeitig wird am PC die Meldung *Uploading to I/O Board* eingeblendet. Der Abschluss der Übertragung wird mit der Nachricht *Done Uploading* angezeigt. Danach beginnt die gelbe LED regelmäßig zu blinken und die beiden RX/TX-LEDs erlöschen.

Nach Abschluss der Datenübertragung wird also ein Reset durchgeführt und automatisch mit der Ausführung des Programms *Blink* begonnen. Damit wurde bereits ein erstes Programm auf einen Mikrocontroller übertragen und weiteren Projekten steht nichts mehr im Weg.

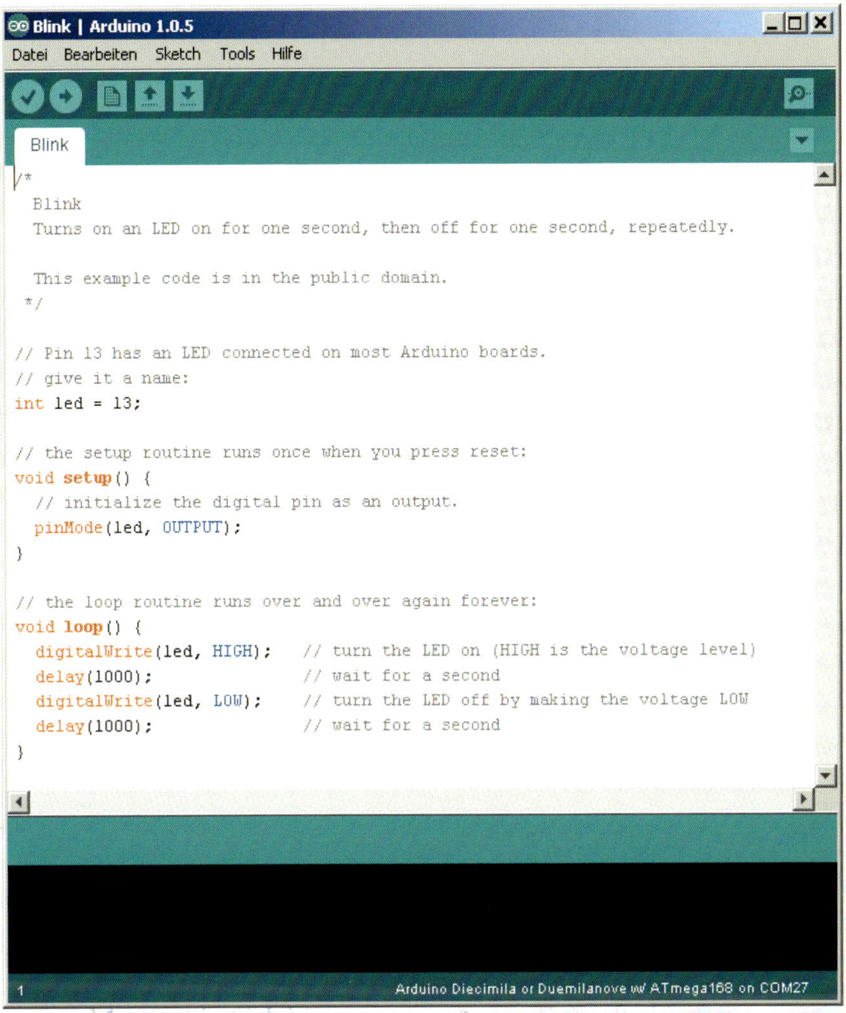

Abb. 4.9: blink.ino ist geladen

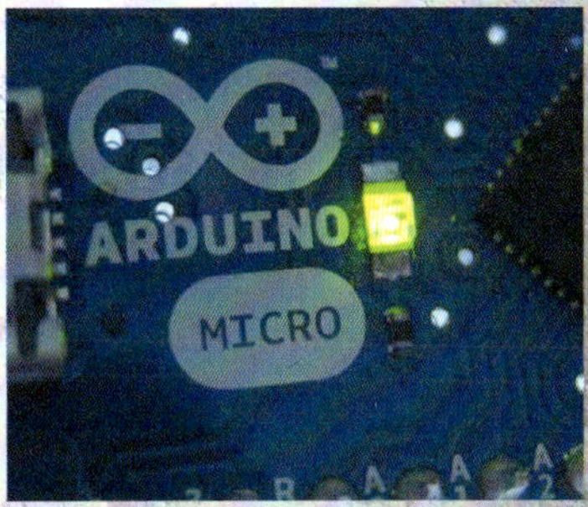

Abb. 4.10: LED ist aktiv!

4.2 Die Benutzeroberfläche der Arduino-IDE

Die Bedeutungen der Symbole am oberen Rand der IDE können der folgenden Abbildung entnommen werden.

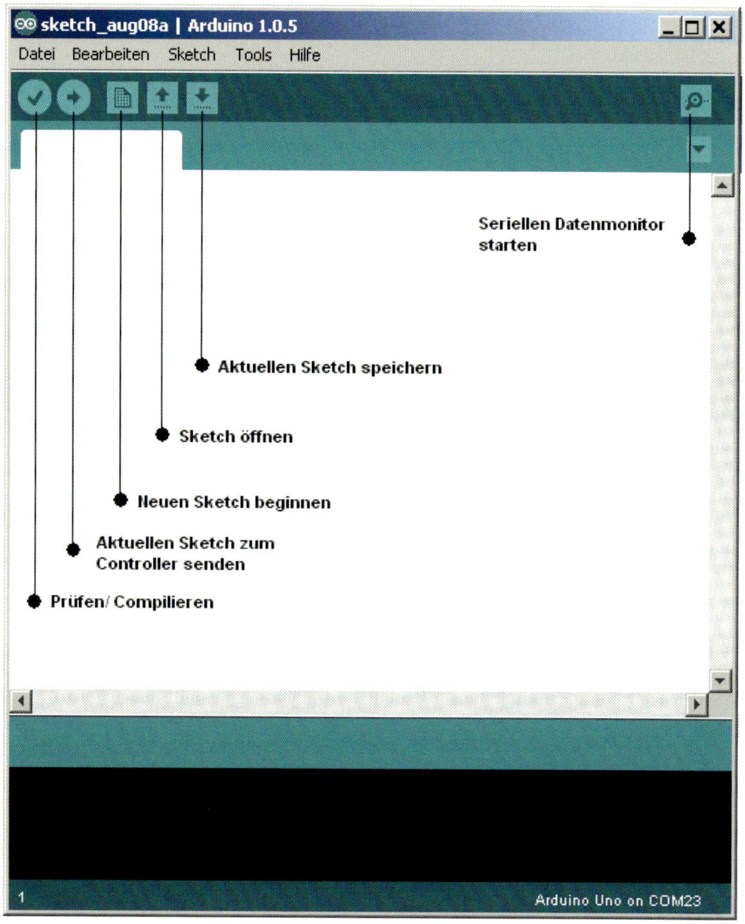

Abb. 4.11: Die Funktionen der Icons

Prüfen/Compilieren: Mit dieser Schaltfläche kann der aktuell geöffnete Sketch kompiliert, d. h. in Maschinensprache übersetzt, werden. Das ist insbesondere nützlich, wenn man ein Programm z. B. auf Syntaxfehler hin testen möchte, ohne dass ein Arduino-Board mit dem PC verbunden ist.

Aktuellen Sketch zum Controller senden: Dieses Icon kompiliert und sendet den aktuellen Sketch direkt zum Arduino. Ein vorheriges separates Übersetzen ist also nicht erforderlich.

Neuen Sketch beginnen: Hier kann ein neuer Sketch begonnen werden.

Sketch öffnen: Mit diesem Icon wird ein bereits abgespeicherter Sketch in die IDE geladen.

Aktuellen Sketch speichern: Das Speichern eines Sketches erfolgt mit diesem Icon.

Seriellen Datenmonitor starten: Hier kann der serielle Datenmonitor gestartet werden. Er dient zur Kommunikation zwischen Controller und PC und wird häufig auch zu Test- und Prüfzwecken eingesetzt.

4.3 Die Standardbeispielprogramme der IDE

Die Standard-IDE enthält bereits eine umfangreiche Sammlung von Beispielprogrammen.

Es ist sicher immer eine gute Idee, diese Beispielprogramme genauer unter die Lupe zu nehmen. Häufig findet sich hier bereits eine geeignete Basis für neue Projekte. Die Erfahrung zeigt sogar, dass auch der fortgeschrittene Programmierer bei der Entwicklung komplexer Projekte häufig einen Einstieg über diese Beispielprogramme findet.

Die unten stehenden ersten eigenen Programme werden auch aus diesen Standardbeispielen abgeleitet. Wie Abbildung 4.1 zeigt, kann man die Beispielprogramme auch problemlos in der Verzeichnisstruktur wiederfinden.

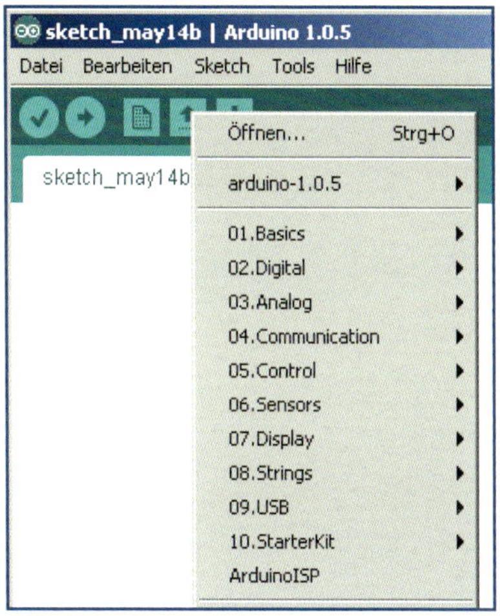

Abb. 4.12: Die Standardbeispielprogramme

4.4 Fehlerbeseitigung

Im Allgemeinen sollte das Übertragen eines Sketchs zum Arduino Micro keine Probleme bereiten. Wurde ein Sketch mit Erfolg übertragen, wird das mit der folgenden Meldung quittiert:

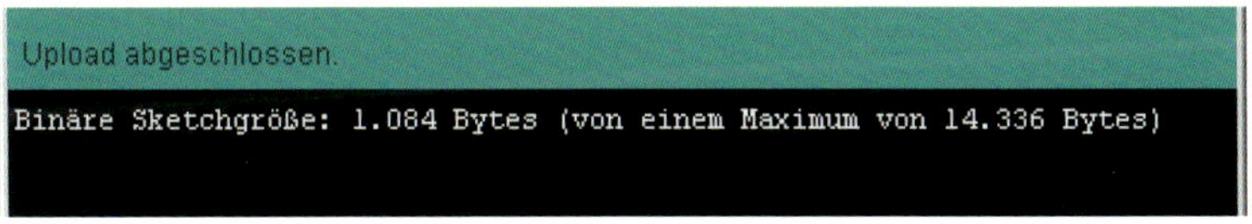

Abb. 4.13: Upload ok

Obwohl die Arduino-IDE benutzerfreundlich ist, können Probleme nicht immer ausgeschlossen werden. Der häufigste Fehler ist die Auswahl des falschen seriellen Ports.

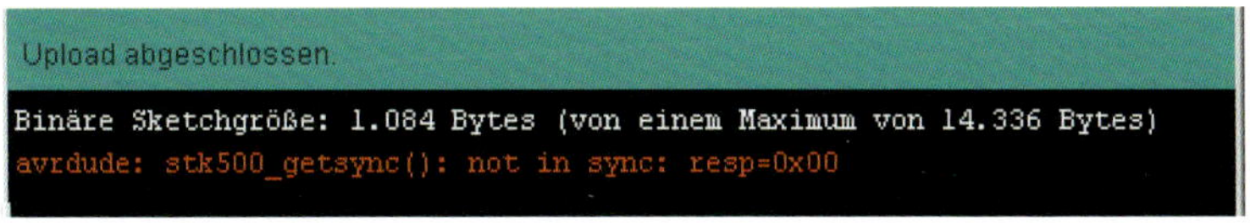

Abb. 4.14: Fehlermeldung bei falschem Port

An zweiter Stelle der Fehlerstatistik steht die Auswahl des falschen Boardtyps.

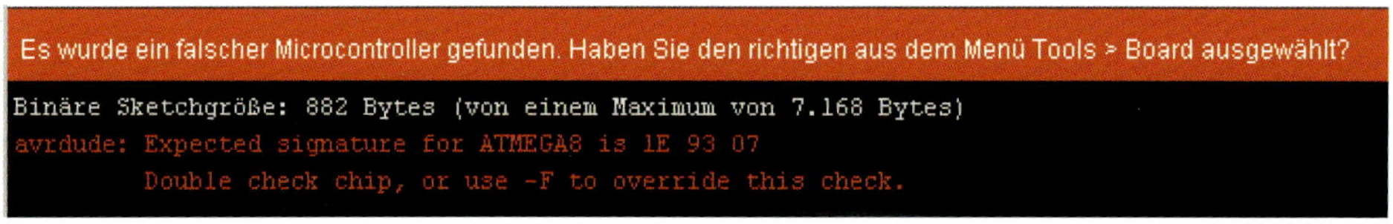

Abb. 4.15: Fehlermeldung bei falsch gewählter Boardversion

> **Tipp**
> Falls der Arduino einmal nicht mehr ansprechbar sein sollte, hilft es meist, die USB-Verbindung zu lösen und das Board erneut mit dem Computer zu verbinden.

Man erkennt, dass die Fehlermeldungen oft nicht sehr spezifisch sind. Allerdings geben Sie in den meisten Fällen brauchbare Hinweise auf die Ursache des Problems.

Neben diesen beiden häufigsten Fehlern treten in der Praxis öfter auch »seltsame« Fehler ohne definierte Ursache auf. Oft hilft es dann, den zuletzt ausgeführten Vorgang erneut zu starten.

4.5 Das erste Praxisprojekt: vollautomatische Eieruhr

Als erste Praxisanwendung entsteht eine vollautomatische Eieruhr. Eine solche Uhr kann in jedem Haushalt nutzbringend eingesetzt werden. Die Ablaufzeit der Uhr kann über die Anpassung des Sketchs in weiten Grenzen variiert werden. So kann man die optimale Zeit für das Frühstücks-Ei individuell einstellen. Da 10 LEDs zur Verfügung stehen, wählt man für das klassische 4-Minuten-Ei eine Zeitspanne von 0,4 Minuten, d. h. also 24 Sekunden, pro LED.

Natürlich ist die Uhr auch für andere Anwendungen einsetzbar. So gibt es etwa zeitkritische Phasen beim Anrühren von bestimmten Klebstoffen. Wenn die Uhr mit entsprechenden Zeitintervallen programmiert wird, kann sie auch hier gute Dienste leisten.

Erforderliche Bauelemente

1 x Arduino Micro
1 x Breadboard
10 x 5-V-LEDs (z. B. 5 x rot, 3 x gelb, 2 x grün)
1 x Tiltsensor
Drahtbrücken

Um die Uhr weitgehend zu automatisieren, kommt ein sogenannter Tilt- oder Kippsensor zum Einsatz. Mithilfe dieses Bauelements kann die Eieruhr ohne weitere Bedienelemente auskommen. Das staubdicht abgeschlossene Gehäuse enthält zwei oder mehr Kontaktstifte und eine leitfähige Metallkugel. Steht der Sensor aufrecht, stellt die Metallkugel eine leitende Verbindung zwischen den Kontaktstiften her. Wird der Sensor gekippt, rollt die Kugel im Gehäuse nach unten und der elektrische Kontakt wird unterbrochen.

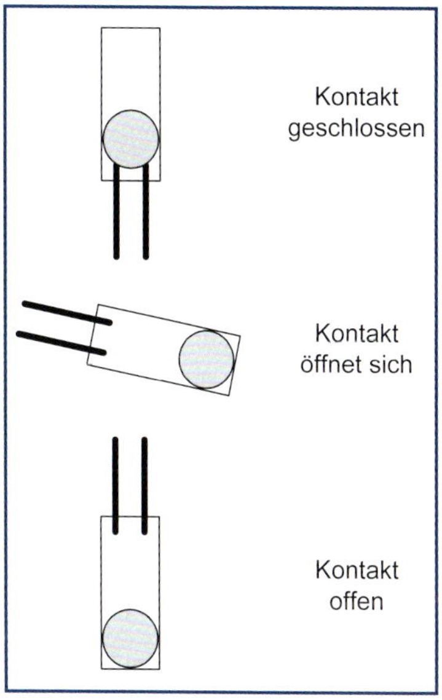

Abb. 4.16: Prinzipieller Aufbau eines Tiltsensors

Die Schaltung zur Eieruhr zeigt Abb. 4.20. Wichtig ist zu beachten, dass es sich bei den eingesetzten LEDs um 5-V-Typen handelt. Nur diese dürfen so wie hier gezeigt ohne Vorwiderstand eingesetzt werden. Prinzipiell könnte man natürlich auch gewöhnliche LEDs verwenden, allerdings muss dann jede LED mit einem Vorwiderstand von mindestens 150 Ohm (Ω) versehen werden. Damit wäre aber ein so kompakter Aufbau wie in Abb. 4.21 nicht mehr möglich.

Der Tiltsensor muss so ausgerichtet werden, dass er bei horizontaler Lage der Eieruhr keinen elektrischen Kontakt herstellt. Wird dann die Eieruhr senkrecht gestellt, schließt der Tiltsensor den Kontakt und sie beginnt automatisch zu laufen. Nach Ablauf der Uhr kann sie dann einfach wieder horizontal abgelegt werden. Damit wird sie wieder ausgeschaltet. Auf diese Wiese werden keinerlei Bedienelemente wie Taster oder Schalter benötigt.

Die Versorgung der Uhr erfolgt über den USB-Stecker.

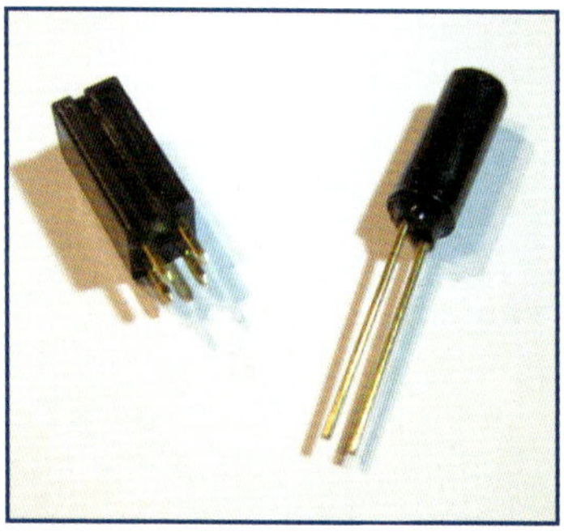

Abb. 4.17: Tiltsensoren in verschiedenen Ausführungen

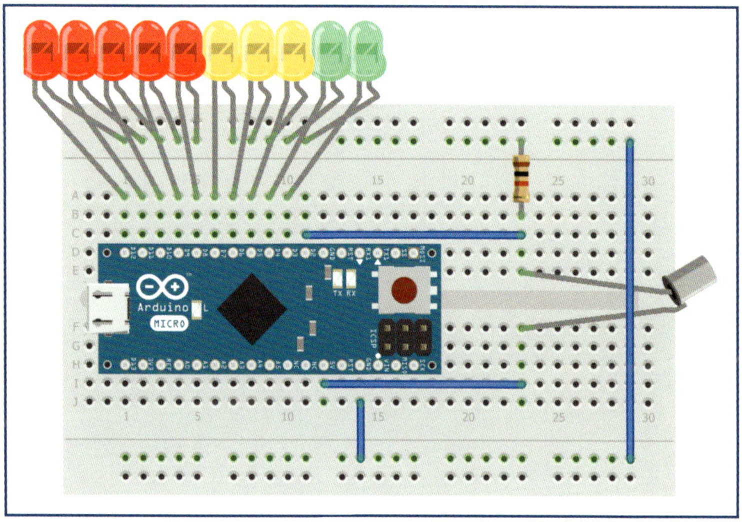

Abb. 4.18: Schaltung zur automatischen Eieruhr

Das Programm zur Eieruhr ist nachfolgend aufgeführt. Zunächst werden im Setup die Ports für die LEDs als Ausgänge deklariert:

```
for(int i=3 ; i<=12; i++) pinMode(i, OUTPUT);
```

Pin 2 wird für die Abfrage des Tiltsensors als Eingang deklariert:

```
pinMode(2, INPUT);
```

In der Hauptschleife des Programms werden dann die LEDs nacheinander im Abstand von 24 Sekunden eingeschaltet:

```
for(int i=12; i>=3; i--)
{ digitalWrite(i, HIGH); delay(24000);
```

Sketch: automatische Eieruhr (Egg_timer.ino)

```
// egg timer

void setup()
{ // set LED ports as output
  for(int i=3 ; i<=12; i++) pinMode(i, OUTPUT);
  // set tilt sensor port as input
  pinMode(2, INPUT);
}

void loop()
{ // wait for tilt sensor
  while (digitalRead(2)== LOW);

  // set LEDs on bottom to top to left
  for(int i=12; i>=3; i--)
  { digitalWrite(i, HIGH); delay(24000);
  }

  // flash all LEDs when ready
  while (1)
  {  for(int i=3; i<=12; i++) digitalWrite(i, HIGH);
     delay(300);
     for(int i=3; i<=12; i++) digitalWrite(i, LOW);
     delay(300);
  }
}
```

Abschließend, d. h. wenn die Zeit von 10 x 24 Sekunden = 240 Sekunden = 4 Minuten vollständig abgelaufen ist, werden alle LEDs simultan ein- und ausgeschaltet. So ergibt sich ein unübersehbares Zeichen dafür, dass die vorgegebene Zeit abgelaufen ist.

4.6 Vollautomatische Eieruhr mit Batteriebetrieb

In der vorhergehenden Version musste die Eieruhr über das USB-Kabel mit Spannung versorgt werden. Wenn man die Eieruhr unabhängig von einem PC oder Laptop einsetzen will und auch kein passendes USB-Netzteil mit Micro-USB-Stecker zur Verfügung steht, kann die Eieruhr auch völlig autark mit einer Batterie betrieben werden.

Warnung

Beim Anschluss der 9-V-Batterie ist mit höchster Sorgfalt darauf zu achten, dass die korrekten Pins beschaltet werden. Wird die 9-V-Spannung auch nur kurzzeitig mit einem falschen Pin verbunden, kann das zur Zerstörung des Arduinos führen!

Zusätzlich erforderliche Bauelemente

1 x 9-V-Blockbatterie
1 x 9-V-Batterieclip

Besonders einfach ist die Verwendung einer 9-V-Blockbatterie. Sie kann über einen 9-V-Batterieclip kostengünstig mit dem Arduino Micro verbunden werden. Möglich ist das, da der Micro über einen integrierten Spannungsregler verfügt.

Die Batterie muss folgendermaßen mit dem Micro verbunden werden:

- Batterie-Minus an GND
- Batterie-Plus an VI

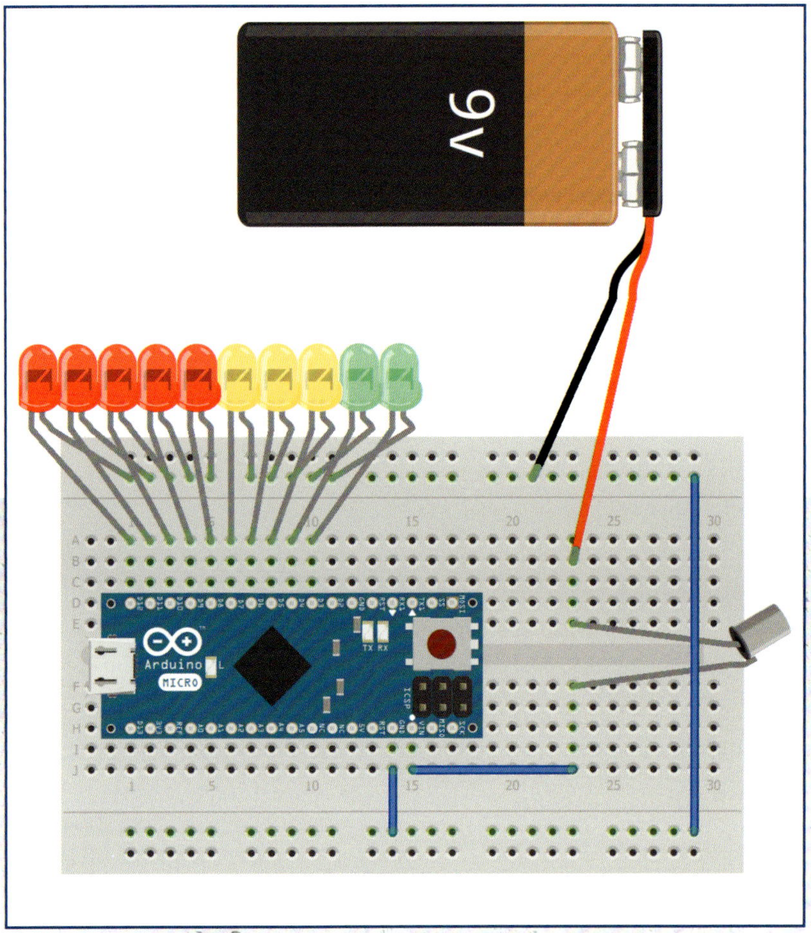

Abb. 4.19: Schaltung zur automatischen Eieruhr mit Batteriebetrieb

Im Unterschied zum vorhergehenden Sketch kann nun auf die Abfrage des Tiltsensors verzichtet werden (siehe Sketch *Egg_timer_battery.ino*).

Abb. 4.20: Automatische Eieruhr

5 Professionelle Programmierung in C

Nachdem nun ein erstes Praxisprojekt abgeschlossen ist, sollte der grundlegende Umgang mit der Arduino-IDE prinzipiell keine Probleme mehr bereiten. Der Hauptvorteil der IDE liegt natürlich darin, dass sie einen leichten Einstieg in die Mikrocontrollerprogrammierung bietet.

Das für den Arduino entwickelte Processing ist aber keine eigene Einsteigerprogrammiersprache wie etwa BASCOM. Es ist sogar so, dass sich im Hintergrund der Arduino-IDE ein vollständiger AVR-GCC-Compiler verbirgt. Für die IDE wurden lediglich einige Routinen wie etwa *pinMode()* oder *digitalWrite()* integriert, um den Einsteiger nicht mit kryptischen anmutenden C-Befehlen wie z. B. *(PORT|=(1<<bit))* vom Einstieg in die Programmierung abzuhalten.

Anders als etwa bei BASCOM ist das erlernte Grundwissen also nicht verloren. Durch den Aufbau auf Standard-C kann nahtlos auf die professionelle Programmierung in C umgestiegen werden. Der Anwendung dieser im Controllerumfeld am weitesten verbreiteten Programmiersprache steht also nichts mehr im Weg.

5.1 Erstellung von C-Programmen mit dem Atmel Studio

Der Arduino Micro kann auch über das Atmel Studio programmiert werden. Bei diesem Studio handelt es sich um eine professionelle Programmierumgebung mit integriertem C-Compiler. Der auf dem Arduino eingesetzte Controller ATmega32U4 kann damit völlig frei und ohne Einschränkungen programmiert werden.

Natürlich ist das Studio wesentlich komplexer aufgebaut als die Arduino-IDE. Die effiziente Arbeit mit diesem professionellen Tool erfordert entsprechende Kenntnisse und Erfahrungen. Die ausführliche Darstellung aller Möglichkeiten dieser IDE würde den hier gegebenen Rahmen bei Weitem sprengen. Für die, die sich aber später auch an professionellere Projekte und Programme heranwagen wollen, erfolgt hier eine Einführung in dieses Thema.

Das Atmel Studio kann unter *http://www.atmel.com/tools/AtmelSTUDIO.aspx* kostenlos aus dem Internet geladen werden. Dabei ist allerdings zu beachten, dass diese Software relativ anspruchsvoll ist, was die Ressourcen angeht. So wird folgende Hardwareausstattung empfohlen:

- 1.6 GHz oder schneller

- Mindestens 1 GB RAM
- 4 GB freier Festplattenspeicher
- Minimale Grafikauflösung 1.024 x 768 Pixel

Diese Spezifikationen sollten als absolutes Minimum angesehen werden. Ältere Rechner, die diese Leistungsmerkmale nicht abdecken, sind für das Atmel Studio 6.x definitiv nicht geeignet.

Das Installationspaket umfasst nahezu 800 MB und benötigt mit einer Standard-DSL-Verbindung daher einige Zeit für den Download. Auch die Installation ist vergleichsweise zeitintensiv. Nach erfolgreicher Installation kann ein neues Projekt erstellt werden. Für einen ersten Test eignet sich der bekannte LED-Blinker.

In Embedded C sehen die zugehörigen Codezeilen folgendermaßen aus:

Sketch: Blinkende LED in C (Micro_blink)

```
/*
 * Micro_blink.c
 *
 * Created: 9/21/2013 5:30:49 PM
 *  Author: GS
 */

#define F_CPU    16e6

#include <avr/io.h>
#include <util/delay.h>

int main(void)
{  DDRC = 0b10000000;

   while (1)
   {  PORTC |= (1<<7);
      _delay_ms(100);
      PORTC &= ~(1<<7);
      _delay_ms(1000);
   }
   return 0;
}
```

Zunächst wird mit dem define-Befehl die interne Taktfrequenz des µC in Hz angegeben, für 16 MHz also 16.000.000 Hz = 16e6 Hz. Das ist notwendig, damit die in der include-Datei *delay.h* enthaltenen Zeitverzögerungsroutinen korrekt arbeiten können. Dann werden die beiden Include-Files *io.h* und *delay.h* über include-Anweisungen eingebunden. In io.h sind alle erforderlichen Informationen enthalten, die zum Ansprechen von Ports erforderlich sind.

Im Hauptprogramm wird dann zunächst mit *DDRB = 0b0010000;* der Port PB4 als Ausgang definiert.

In der folgenden While(1)-Endlosschleife wird PB4 auf High-Potenzial geschaltet, und die LED leuchtet für die im Befehl *_delay_ms(500);* angegebene Verzögerungszeit von 500 ms = 0,5 s. Nach dem Abschalten des Ports erfolgt wieder eine Pause von einer halben Sekunde. Diese Prozedur wird in der While-Schleife endlos fortgesetzt, sodass die LED mit einer Frequenz von 1 Hz dauerhaft blinkt.

Das Programm kann bereits für viele Zwecke nutzbringend eingesetzt werden. Zunächst zeigt die blinkende LED die grundsätzliche Funktionsfähigkeit des Mikrocontrollers an. Wenn auch noch die Blinkfrequenz von 1 Hz stimmt, ist zudem sichergestellt, dass die Fuses, d. h. die Controllerparameter, so eingestellt sind, dass die interne Taktfrequenz des Controllers tatsächlich 16 MHz beträgt. Damit sind schon einmal zwei häufig auftretende Fragen geklärt.

Ist der Code vollständig eingegeben oder von der Website des Verlags geladen (s. Kapitel 19 Quellcodes), sieht die IDE nach erfolgreicher Kompilierung so aus wie in der folgenden Abbildung.

Durch den erfolgreichen Compilerlauf wurde die folgende .hex-Datei erzeugt: *Micro_blink.hex*. Die Datei ist standardmäßig im Projektordner im Verzeichnis *debug* zu finden. Sie muss nun nur noch auf den Arduino übertragen werden. Das dazu erforderliche Tool wird im nächsten Kapitel vorgestellt.

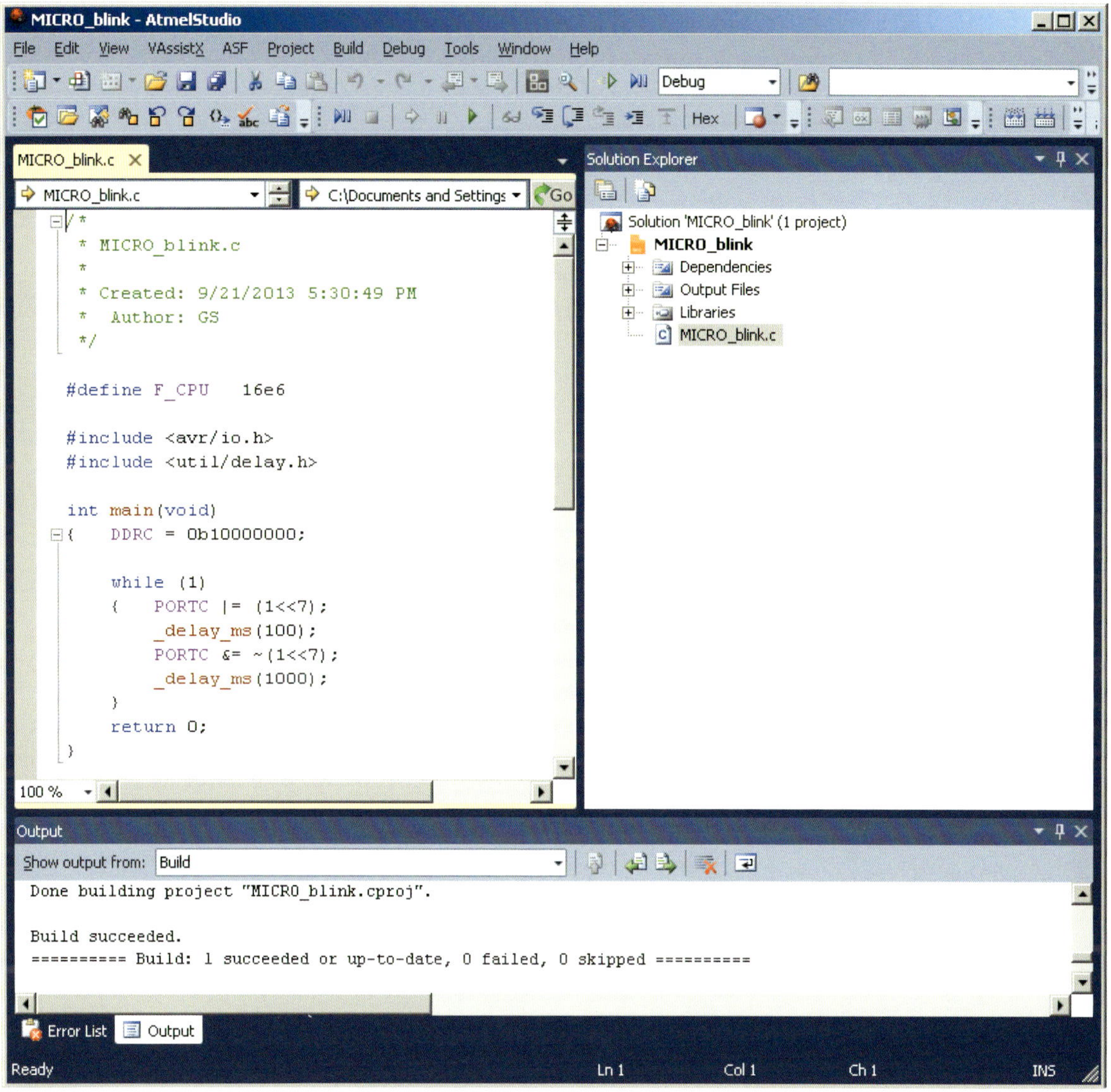

Abb. 5.1: Atmel Studio mit geöffnetem blink-Programm

5.2 Upload von .hex-Dateien auf den Arduino

In der klassischen Arduino-IDE ist bereits ein Uploadtool integriert. Dabei handelt es sich um das bekannte Programm AVRdude. Da dieser Uploader fest in die IDE integriert ist, kann man damit keine separaten .hex-Dateien in den Micro laden. Verfügt man über .hex-Dateien aus anderen Quellen, muss man einen neuen Weg beschreiten.

Hex.-Dateien können auf verschiedene Weise erzeugt werden. Neben der Erstellung mit der Arduino-IDE kennen wir bereits den Weg über das Atmel Studio. Auch mit anderen Entwicklungsumgebungen wie etwa mit BASCOM lassen sich fertige .hex-Files erstellen. Oft finden sich auch fertige .hex-Dateien im Internet zum Download.

Möchte man eine solche fertige .hex-Datei auf den Micro laden, benötigt man ein spezielles Uploadtool. Der Arduino-Builder ist bestens für das Laden beliebiger .hex-Dateien auf verschiedene Arduino-Versionen geeignet. Folgende Boardtypen werden unterstützt:

- 1 – Arduino Uno
- 2 – Arduino Leonardo
- 3 – Arduino Esplora
- **4 – Arduino Micro**
- 5 – Arduino Duemilanove (328)
- 6 – Arduino Duemilanove (168)
- 7 – Arduino Nano (328)
- 8 – Arduino Nano (168)
- 9 – Arduino Mini (328)
- 10 – Arduino Mini (168)
- 11 – Arduino Pro Mini (328)
- 12 – Arduino Pro Mini (168)
- 13 – Arduino Mega 2560/ADK
- 14 – Arduino Mega 1280
- 15 – Arduino Mega 8

und damit u. a. eben auch der Arduino Micro.

Das Programm kann kostenlos über *http://arduinodev.com/arduino-uploader/* oder direkt von *http://www.fosshub.com/Arduino-Builder.html* heruntergeladen werden.

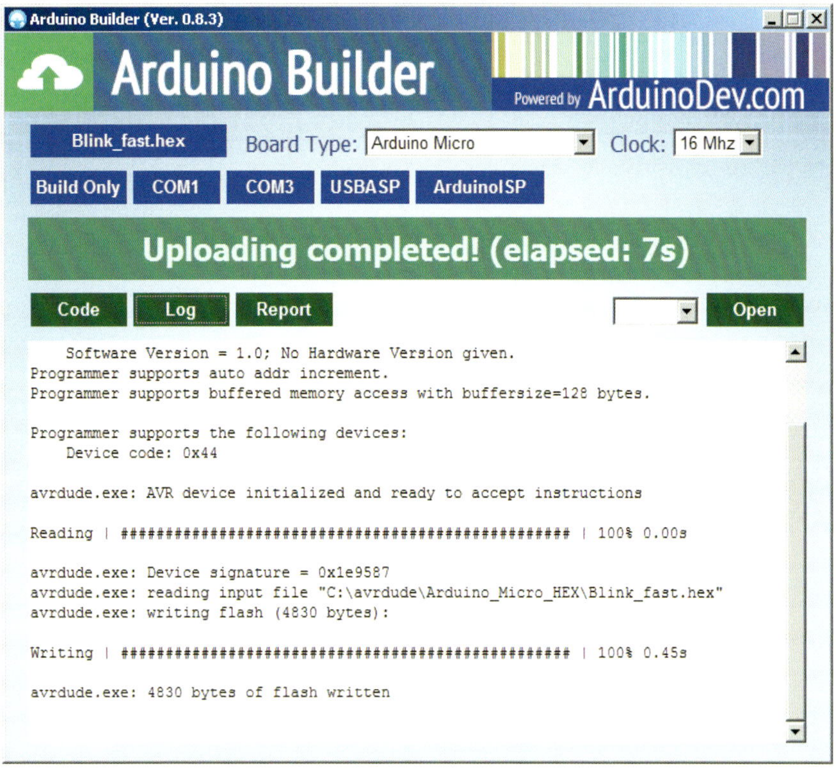

Abb. 5.2: Der Arduino Builder nach erfolgreicher Übertragung einer Datei

Das Übertragen der gewünschten Programmdatei zum Micro erfolgt in drei Schritten:

- Auswahl des Boardtyps (hier Arduino Micro) und der zugehörigen Quarzfrequenz (meist 16 MHz).
- Laden des .hex-Files (im Beispiel *Blink_fast.hex*).
- Mit Klicken auf den aktiven COM-Port (hier COM3) wird das Programm auf den Micro übertragen.

Dieses nützliche Tool kann nicht nur .hex-Dateien zum Arduino übertragen, sondern auch Quellcodes kompilieren und die Speicherauslastung auf dem Arduino anzeigen. Darüber hinaus ist es auch mit verschiedenen ICP-Programmern wie etwa dem USBasp einsetzbar. Für den fortgeschrittenen Arduino-Anwender lohnt es sich also auf jeden Fall, dieses Tool etwas näher ins Auge zu fassen.

5.3 .hex-Dateien aus der Arduino-IDE

Um Anfängern und Einsteigern ein möglichst einfaches System zu bieten, wurde in der Arduino-IDE vieles vereinfacht und automatisiert. So wird nach der Betätigung des Uploadbuttons der aktuelle Sketch kompiliert und automatisch auf den Arduino geladen. Das zu ladende .hex-File wird für den Anwender nicht explizit sichtbar, aber natürlich wird es genauso generiert wie bei jeder anderen Entwicklungsumgebung auch.

Will man das .hex-File lokalisieren, um es etwa für andere Anwender bereitzustellen, ist das aber durchaus auch möglich. Hierzu muss man unter *File* → *Preferences* nur die sogenannte *verbose*-Option aktivieren. Diese Option liefert Informationen über alle im Hintergrund ablaufenden Prozesse.

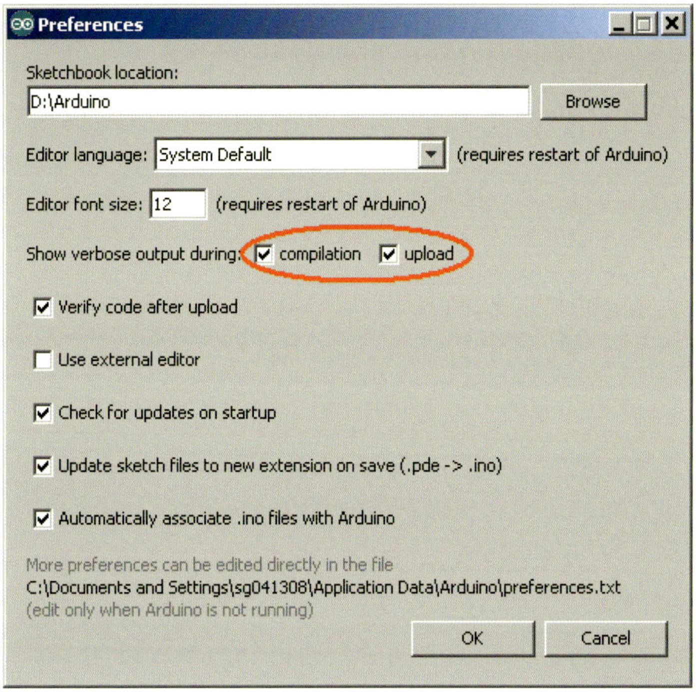

Abb. 5.3: Aktivierung der verbose-Option für den Upload

Im Ausgabefenster wird nun eine Fülle von Informationen dargestellt. Wichtig ist momentan nur die am Ende der Ausgabe erscheinende Meldung, in der der Speicherort und der Name der erzeugten .hex-Datei zu finden sind.

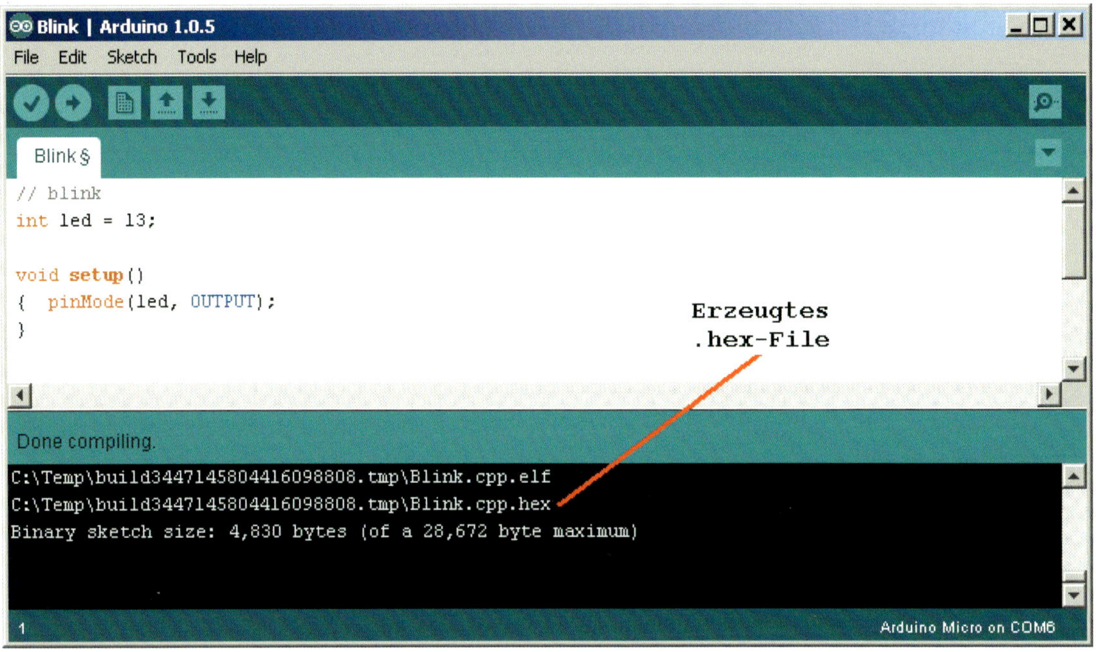

Abb. 5.4: Informationen zum erzeugten .hex-File

In diesem Beispiel ist die Datei also unter *C:\Temp\build34471458044 16098808.tmp\Blink.cpp.hex* zu finden. Das File kann nun problemlos in den Arduino-Builder geladen werden, um es anschließend zum Arduino zu senden. So kann man nun auch beispielsweise Programme weitergeben, ohne dass man den gesamten Source-Code mit angeben muss.

KAPITEL 6

BLITZLICHTGEWITTER: Einzigartige Lichteffekte mit dem Micro

Nachdem nun die Programmierung des Arduino Micro sowohl über die Original-IDE als auch über das Atmel Studio besprochen wurde, werden in den folgenden Kapiteln einige interessante Praxisanwendungen im Vordergrund stehen. Dabei gehört die Ansteuerung der I/O-Pins zu den grundlegenden Aufgaben bei der Programmierung von Mikrocontrollern.

6 Ansteuerung der digitalen Input/Output-Pins

Warnung

Bei bestimmten Menschen kann es zu epileptischen Anfällen oder Bewusstseinsstörungen kommen, wenn sie bestimmten Blitzfrequenzen oder Lichteffekten ausgesetzt werden. Es können auch Personen betroffen sein, die bislang nicht von epileptischen Anfällen betroffen waren. Falls auch nur der geringste diesbezügliche Verdacht besteht, wenden Sie sich bitte an einen Arzt, bevor Sie das Stroboskop einsetzen.
Autor oder Verlag können keinerlei Haftung für den unsachgemäßen Einsatz des Geräts übernehmen.

6.1 Powerstroboskop mit Leistungstransistor

Unter einem Stroboskop (Griechisch strhómbos für »Kreisel« und skopeı̈n für »beobachten«) versteht man eine Einrichtung, die helle Lichtblitze in regelmäßigen Zeitabständen abgibt. Dadurch erscheinen Bewegungsabläufe in dunkler Umgebung wie eine Abfolge von Einzelbildern.

Stroboskope finden beispielsweise als Lichteffekte in Diskotheken oder bei der Geschwindigkeitsmessung an Plattenspielern Anwendung. Im industriellen Bereich werden sie benutzt, um Drehzahlen von rotierenden Maschinenteilen zu messen. Hierzu werden sogenannte *Stroboskopscheiben* eingesetzt. Sie bestehen aus abwechselnd hellen und dunklen Feldern. Ist die Stroboskopfrequenz ein ganzzahliges Vielfaches der Umdrehungszahl des betreffenden Maschinenelements, entsteht der Eindruck eines stehenden Bildes der Stroboskopscheibe.

Auch in der Medizin wird der Stroboskopeffekt eingesetzt. So kann das Gehirn eines Patienten während einer Elektroenzephalografie stimuliert werden, indem man ihn Stroboskopblitzen eines bestimmten Frequenzbereichs aussetzt.

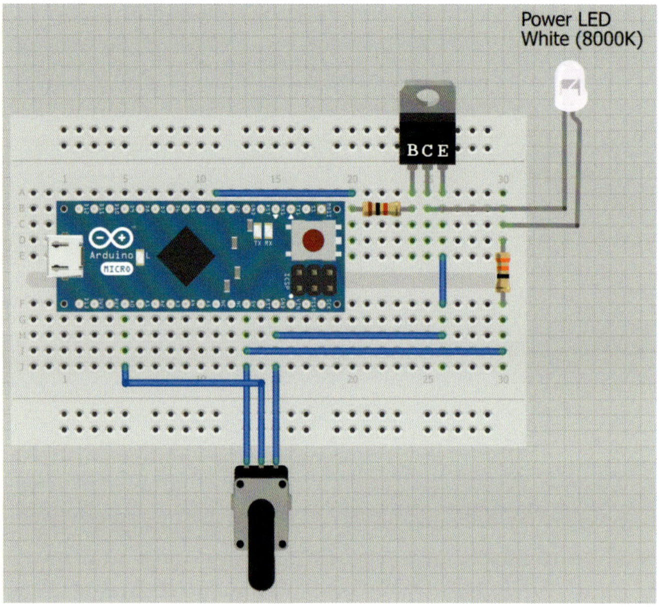

Abb. 6.1: Schaltung zum Stroboskop

Auch bei Fahrzeugen der Polizei, der Feuerwehr oder der Rettungsdienste werden häufig Stroboskopblitzer als besonders auffällige Warnleuchten eingesetzt. Das hier vorgestellte Stroboskop kann z. B. im Modellbaubereich für die genannten Fahrzeuge eingesetzt werden. Aber auch zur Bestimmung von Drehzahlen ist das Stroboskop bestens geeignet. Hier kann eine einfache LED in der gewünschten Farbe (blau für Polizei- oder Feuerwehreinsatzfahrzeuge, orange für Begleitfahrzeuge von Überlast-Lkws) als aktives Element eingesetzt werden.

Wünscht man allerdings ein leistungsfähigeres Gerät, etwa für den Einsatz im eigenen Hobbykeller oder als Drehzahlmessgerät, empfiehlt sich die Verwendung einer weißen Hochleistungs-LED. Sie muss dann natürlich über einen geeigneten Leistungstransistor angesteuert werden, da ein Arduino-Pin bei Weitem nicht genug Strom für eine Leistungs-LED liefern kann.

In der ersten Version der Schaltung wird die Stroboskopfrequenz nur über eine Variable im Programm verändert. Das in der folgenden Abbildung eingezeichnete Potenziometer wird dabei zunächst nicht benötigt.

Abb. 6.2: Leistungs-LED mit Kühlkörper

Erforderliche Bauelemente

1 x Arduino Micro
1 x Power-LED
1 x Leistungstransistor
1 x Widerstand 33 Ω
1 x Widerstand 100 kΩ
Drahtbrücken

Sketch: Festfrequenz-Stroboskop (Stroboscope_fixed.ino)

```
// stroboscope fixed frequency

int led = 3;

void setup()
{ pinMode(led, OUTPUT);
}

void loop()
{ digitalWrite(led, HIGH);
  delay(1);
  digitalWrite(led, LOW);
  delay(10);
}
```

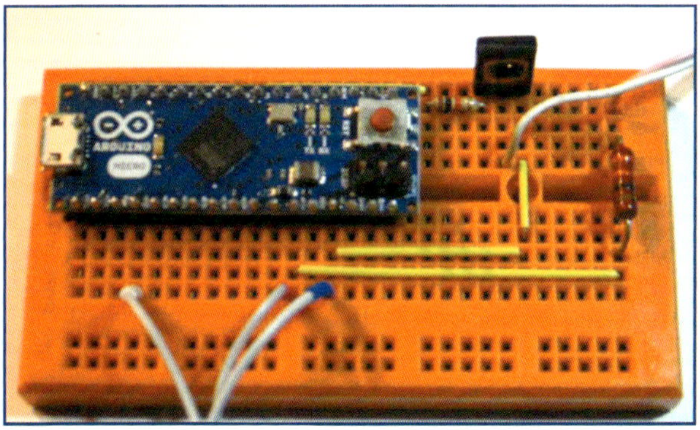

Abb. 6.3: Aufbaubild zum Stroboskop

6.2 Stroboskop mit variabler Blitzfrequenz

Will man Drehzahlen von Rotoren oder anderen Maschinenteilen messen, ist es vorteilhaft, wenn man die Stroboskopfrequenz mit einem Einstellknopf variieren kann. Auch diese Variante kann mit einem Arduino Micro realisiert werden.

Zusätzlich erforderliche Bauelemente

1 x Potenziometer 10 kΩ mit Anschlussdrähten oder steckbar
Drahtbrücken

Hierzu muss nur ein 10-kΩ-Potenziometer an A0 angeschlossen werden (s. Abb. 6.1).

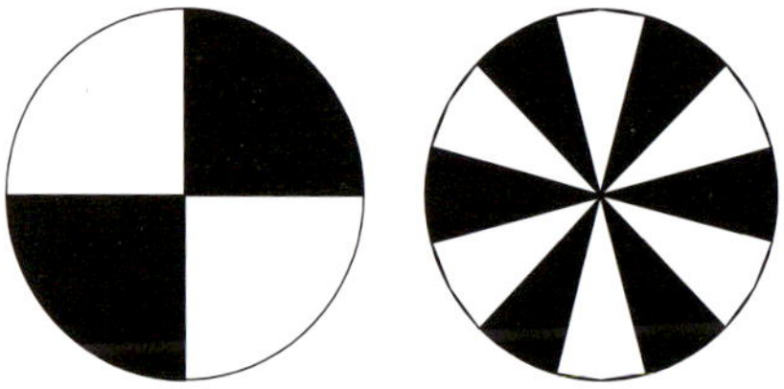

Abb. 6.4: Stroboskop-Scheiben

Im Sketch wird dieses Potenziometer abgefragt. Über den ausgelesenen Wert (1 bis 1.024) wird die Dunkelphase der LED gesteuert. Bei minimaler Potenziometereinstellung wird also nur etwa ein Lichtblitz pro Sekunde erzeugt. Wird das Potenziometer an den anderen Anschlag gedreht, wird etwa alle 2 ms ein 1 ms langer Lichtblitz erzeugt.

Sketch: Stroboskop mit variabler Frequenz (Stroboscope_variable.ino)

```
// stroboscope variable frequency

int led = 3;
int tc;

void setup()
{ pinMode(led, OUTPUT);
}

void loop()
{ tc=analogRead(0);
  digitalWrite(led, HIGH);
  delay(1);
  digitalWrite(led, LOW);
  delay(tc+1);
}
```

6.3 LED-Würfel mit Ausrolleffekt

Der hier vorgestellte elektronische Würfel zeichnet sich insbesondere dadurch aus, dass er über einen »Ausrolleffekt« verfügt. Die einfache Form eines elektronischen Würfels besteht darin, dass man die Würfelaugenmuster, also die Zahlen 1 bis 6, sehr schnell durchlaufen lässt, solange

Abb. 6.5: Rotierende Scheibe mit Stroboskop-Beleuchtung

ein Taster gedrückt ist. Sobald der Taster losgelassen wird, wird der Durchlauf gestoppt und ein bestimmtes Muster bleibt dauerhaft sichtbar.

Bei dieser Würfelversion wird zusätzlich Spannung erzeugt, indem der Würfel langsam »ausrollt«. Um diesen Effekt zu erzeugen, wird an einem Analogeingang des Arduino Micro eine Widerstands-Kondensator-Kombination angeschlossen. Über einen Kontakt wird nun der Kondensator auf ca. 5 V aufgeladen. Nach dem Öffnen des Kontakts entlädt sich der Kondensator über den parallel geschalteten Widerstand. Die Spannung am Analogeingang A0 beginnt also langsam zu sinken.

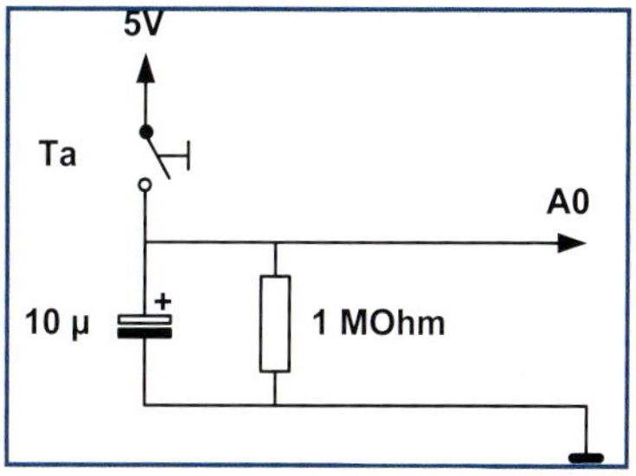

Abb. 6.6: RC-Schaltung

Erforderliche Bauelemente

1 x Arduino Micro
2 x Breadboard klein
7 x 5-V-LED
1 x Widerstand 1 MΩ
1 x Kondensator 10 µF, 25 V
1 x Tiltsensor oder Taster
Drahtbrücken

Im zugehörigen Sketch wird diese abfallende Spannung in zweifacher Weise ausgenutzt. Zunächst wird die Zeitverzögerung zwischen zwei verschiedenen Augenbildern damit gesteuert:

```
delay(1024-analogRead(0));
```

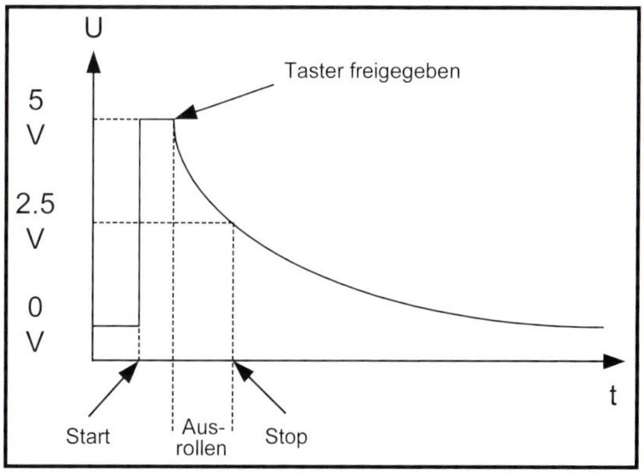

Abb. 6.7: Entladekurve

Das bedeutet, dass bei hohen Spannungen (analogRead(0) ≈ 1023) eine kurze Verzögerung von nur 1 ms entsteht. Sinkt die Spannung ab, wird die Verzögerung immer größer und es entsteht der Eindruck, dass der Würfel langsam ausrollt.

Schließlich kommt der Würfel durch

```
while(analogRead(0)<500);
```

vollständig zum Stehen, sobald die Kondensatorspannung auf weniger als 2,5 V abgesunken ist.

> **Hinweis**
> Falls anstelle der 5-V-LEDs normale Leuchtdioden verwendet werden, muss jede LED einen eigenen Vorwiderstand von mindestens 150 Ω erhalten.

Sketch: Elektronischer Würfel mit Ausrolleffekt (Dice.ino)

```
// LED dice

void setup()
```

```
{ for(int i=2; i<=8;i++) pinMode(i, OUTPUT);
  pinMode(10, INPUT);
}

void loop()
{ W1(); delay(1024-analogRead(0)); while(analogRead(0)<500);
  W2(); delay(1024-analogRead(0)); while(analogRead(0)<500);
  W3(); delay(1024-analogRead(0)); while(analogRead(0)<500);
  W4(); delay(1024-analogRead(0)); while(analogRead(0)<500);
  W5(); delay(1024-analogRead(0)); while(analogRead(0)<500);
  W6(); delay(1024-analogRead(0)); while(analogRead(0)<500);
}

void W1(){digitalWrite(8, LOW); digitalWrite(6, LOW); digitalWrite(3, LOW);
                                digitalWrite(4,HIGH);
          digitalWrite(7, LOW); digitalWrite(5, LOW); digitalWrite(2, LOW);}

void W2(){digitalWrite(8,HIGH); digitalWrite(6, LOW); digitalWrite(3, LOW);
                                digitalWrite(4, LOW);
          digitalWrite(7, LOW); digitalWrite(5, LOW); digitalWrite(2, HIGH);}

void W3(){digitalWrite(8,HIGH); digitalWrite(6, LOW); digitalWrite(3, LOW);
                                digitalWrite(4,HIGH);
          digitalWrite(7, LOW); digitalWrite(5, LOW); digitalWrite(2, HIGH);}

void W4(){digitalWrite(8,HIGH); digitalWrite(6, LOW); digitalWrite(3,HIGH);
                                digitalWrite(4, LOW);
          digitalWrite(7,HIGH); digitalWrite(5, LOW); digitalWrite(2,HIGH);}

void W5(){digitalWrite(8,HIGH); digitalWrite(6, LOW); digitalWrite(3,HIGH);
                                digitalWrite(4,HIGH);
          digitalWrite(7,HIGH); digitalWrite(5, LOW); digitalWrite(2,HIGH);}

void W6(){digitalWrite(8,HIGH); digitalWrite(6,HIGH); digitalWrite(3,HIGH);
                                digitalWrite(4, LOW);
          digitalWrite(7,HIGH); digitalWrite(5,HIGH); digitalWrite(2,HIGH);}
```

Als »Kontakt« kann natürlich ein einfacher Taster verwendet werden. Setzt man allerdings wie bei der Eieruhr einen Tiltsensor ein, kann der Würfel realitätsnah durch leichtes Schütteln oder Kippen der gesamten Schaltung gestartet werden.

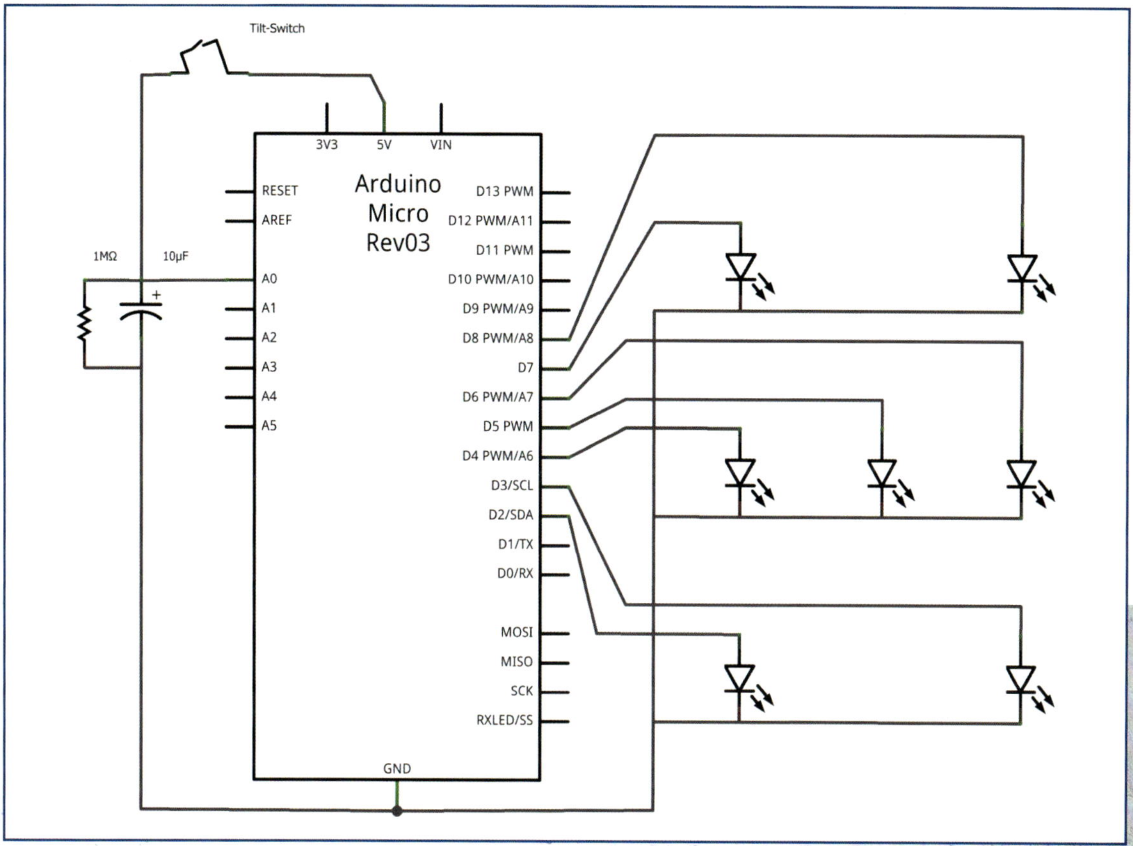

Abb. 6.8: Schaltung zum elektronischen Würfel

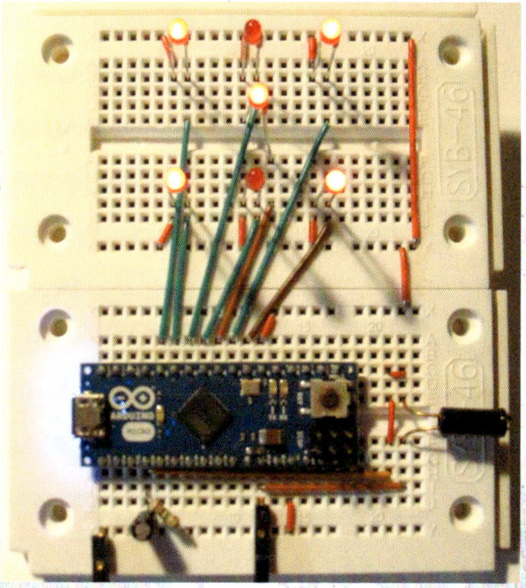

Abb. 6.9: Aufbaubild elektronischer Würfel

15
10
II
VIII

KAPITEL 7

ZEITGEIST: DER MICRO ALS UHR

7 Die Timer und Interruptfunktionen des ATmega32U4

Bislang wurde zum Erzeugen von zeitabhängigen Steuerungen häufig der Befehl *delay()* verwendet. Bei einfachen Aufgaben wie z. B. bei der Eieruhr in Kapitel 4 ist das auch durchaus sinnvoll und praktikabel. Hier kommt es nicht allzu sehr auf höchste Präzision an, und außerdem ist ein moderner Controller mit einer solchen Aufgabe bei Weitem nicht ausgelastet.

Der Delay-Befehl hat allerdings einige schwerwiegende Nachteile. Zunächst wird durch seinen Einsatz der Controller komplett blockiert. Nach dem Aufruf des Befehls werden nur Taktzyklen gezählt. Da die Zeit eines Taktzyklus bekannt ist, kann daraus die Wartezeit berechnet werden. Der Arduino Micro läuft beispielsweise mit einer Taktfrequenz von 16 MHz. Daraus ergibt sich, dass ein Taktzyklus genau 0,0625 µs lang ist.

Wird der Befehl *delay(1000);* ausgeführt, zählt der Controller also lediglich 16 Millionen Taktzyklen ab (16.000.000 x 0,0625 µs = 1.000 s). Damit ist der Controller aber voll ausgelastet. Er kann parallel keine weiteren Aufgaben übernehmen. Das führt zu einem weiteren Problem. Will man beispielsweise eine Digitaluhr bauen, könnte man versuchen, mit der folgenden Konstruktion einen Sekundentakt zu erzeugen.

```
while(1)
{  delay(1000);
   update_display();
}
```

Das Problem hierbei ist, dass das Aktualisieren eines Displays auch immer eine gewisse Zeit in Anspruch nimmt. Nun könnte man versuchen, das zu berücksichtigen, indem man den Wert im Delay-Befehl etwa auf 997 reduziert. Die Zeit, die eine Displayaktualisierung benötigt ist allerdings wieder variabel. So wird etwa beim Umschalten von vollen Stunden etwas mehr Zeit benötigt als beim einfachen Weiterschalten von einer Minute zur nächsten. Auf diese Weise wird es also kaum gelingen, eine Uhr mit Präzision aufzubauen.

7.1 Quarzgenaue Timersteuerung

Eine Lösung für dieses Problem bieten sogenannte Zähler (engl. Counter). Hierbei handelt es sich um eigenständige, controllerinterne Hardwareeinheiten. Sie können so programmiert werden, dass sie unabhängig von den Aufgaben der Hauptrecheneinheit des Controllers ein bestimmtes

Ereignis, einen sogenannten Interrupt, auslösen. Weitere Details zu diesem Thema finden sich in Kapitel 15.6.

Bei Nutzung der Arduino-IDE gestaltet sich die Arbeit mit Timer-Interrupts besonders einfach. Unter *http://www.arduino.cc/playground/Code/Timer1* kann eine Bibliothek für die Ansteuerung der Timerfunktionen kostenlos aus dem Internet geladen werden.

Um diese Bibliothek nutzen zu können, ist nur noch ein neues Unterverzeichnis *Timer1* unter dem Ordner *libraries* im Arduino-Verzeichnis zu erstellen. Abschließend sind die beiden im Ziparchiv enthaltenen Dateien *TimerOne.cpp* und *TimerOne.h* in das neu erstellte Verzeichnis *Timer1* zu kopieren (siehe folgende Abbildung). Damit steht die Bibliothek in der IDE zur Verfügung.

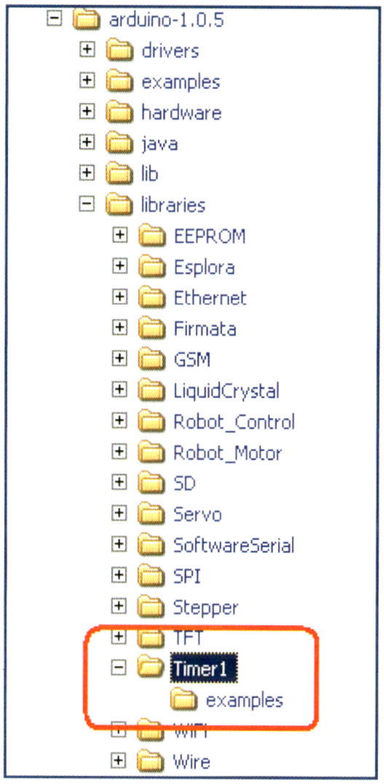

Abb. 7.1: Einfügen einer Library

Abb. 7.2: Inhalt des Ordners Timer1

Diese Bibliothek stellt u. a. die beiden Funktionen *Timer1.initialize();* und *Timer1.attachInterrupt();* zur Verfügung. Mit *Timer1.initialize();* wird festgelegt, wie oft der Timer1 einen Interrupt auslösen soll. Diese Zeit muss in Mikrosekunden (µs) eingetragen werden. Mit *Timer1.initialize(1000000);* erhält man also einen präzisen Sekundentakt. Das bedeutet, dass im Hintergrund, unabhängig von der aktuellen Hauptaufgabe des Controllers, immer genau im Zeitabstand von einer Sekunde ein Interrupt ausgelöst wird.

Mit dem Befehl *Timer1.attachInterrupt();* muss nun nur noch festgelegt werden, was genau beim Auftreten des Interrupts geschehen soll. Mit *Timer1.attachInterrupt(tick);* und der zugehörigen Routine *void tick() {seconds_counter++;}* wird erreicht, dass die Variable *seconds_counter* nach jeder vollen Sekunde um den Wert eins erhöht wird. Mit dieser Zeitbasis kann mit dem Micro eine quarzgenaue Uhr aufgebaut werden.

7.2 Designeruhr mit LED-Display

Die klassische Anwendung einer quarzgenauen Zeitbasis ist natürlich eine Digitaluhr. Der Eigenbau einer solchen Uhr hat den großen Vorteil, dass man bei der Gestaltung völlig freie Hand hat. Die folgende Abbildung zeigt eine optisch ansprechende »Designervariante«. Der Fuß der Uhr besteht aus einer massiven Metallkugel. Sie ist mit einer Trägerplatte

Abb. 7.3: »Designerdigitaluhr«

verbunden, die wiederum mit zwei kleinen Breadboards verschraubt ist.

Auf den Boards ist die gesamte Elektronik einschließlich des Arduino Micro untergebracht. Um der Uhr eine persönliche Note zu verleihen, wurde von einer jungen Künstlerin ein Motiv entworfen, das unter eine Acrylglas-Deckplatte gelegt wurde. Neben der Quarzbasis benötigt eine Uhr natürlich auch noch ein Display, auf dem die aktuelle Uhrzeit ausgegeben wird. Für die Designeruhr kommt ein 4-stelliges Siebensegmentdisplay zum Einsatz.

Die Steuerung der Anzeige erfolgt über die Displaytreibersoftware *display_driver.h*. Das Pinning des hier eingesetzten Displays hat sich als Quasistandard durchgesetzt und ist bei Anzeigeeinheiten vieler Hersteller zu finden. Das Display liegt beispielsweise auch dem Franzis-Lernpaket »AVR-Mikrocontroller in C programmieren« (siehe Literaturverzeichnis) bei.

Der Aufbau und die Funktionsweise dieses Treibers sind in Kapitel 13.1 näher beschrieben. Dort gibt es auch Hinweise, wie der Treiber an Displaymodule mit anderem Pinning angepasst werden kann.

Erforderliche Bauelemente

1x Arduino Micro
1x Breadboard
1x 4-stellige Siebensegmentanzeige
4x PNP-Universaltransistoren, z. B. BC557
8x Widerstand 1 kΩ
4x Widerstand 10 kΩ
Drahtbrücken

Mit der fertigen Interrupt-Routine kann das Programm für die Designeruhr sehr kompakt ausfallen.

Drei Variablen, *sc*, *mn* und *hr* sind die jeweiligen Zähler für Sekunden, Minuten und Stunden. Ein Zeitzähler *tc* (time counter) wird zu jeder vollen Sekunde um den Wert eins erhöht. Innerhalb der Sekunde wird die aktuelle Uhrzeit laufend an das Display gesendet:

```
while (sc==tc) send_int_to_LCD(hr*100+mn, dotPos);
```

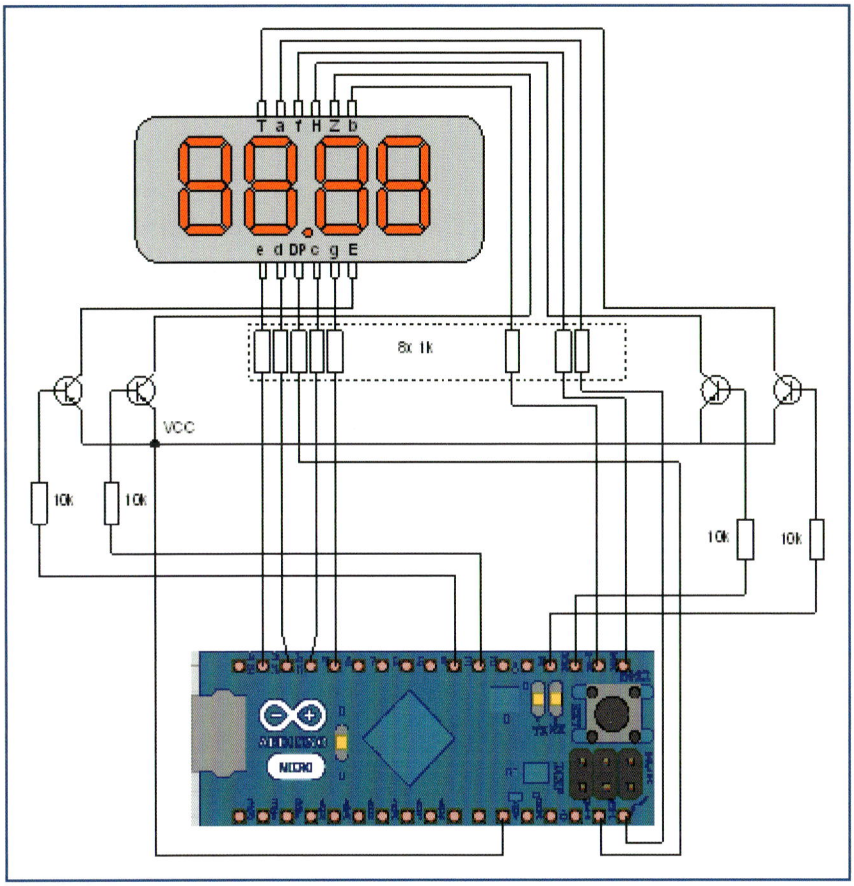

Abb. 7.4: Schaltbild zur Designeruhr

Erst wenn *tc* um eins weiter zählt, wird der Dezimalpunkt umgeschaltet:

```
dotPos = 5 – dotPos;
```

dabei bedeutet *dotPos=1*, dass der Punkt an der mittleren Position leuchtet, während *dotPos* = *4* den Dezimalpunkt löscht (s. a. Kapitel 13.1).

Dann wird nur wieder geprüft, ob jeweils 60 Minuten vergangen sind und der Stundenzähler erhöht werden muss oder ob nach 24 Stunden der Stundenzähler auf Null zurückzusetzen ist.

Sketch: Designeruhr (Designer_clock.ino)

```
// designer clock

#include "TimerOne.h"          // include timer lib
#include "display_driver.h"    // include display driver
#define it 1e6                // interrupt time = 1000000 us =
1.000 s

byte tc = 0;                   // timeCounter
byte sc=00, mn=00, hr=8;       // seconds, minutes, hours
byte dotPos = 1;               // position of decimal dot

void setup()
{   DDRB = 0b11111111;
    DDRD = 0b00001111;
    Timer1.initialize(it);
    Timer1.attachInterrupt(tick);
}

void loop()
{ sc=tc;
  if (sc==60)
     { tc=0; sc=0; mn++;
        if (mn==60)
   { mn=0; hr++;
    if (hr==24) hr=0;
   }
      }
   while (sc==tc) send_int_to_LCD(hr*100+mn, dotPos);
   dotPos = 5 – dotPos;
}

void tick() {tc++;}
```

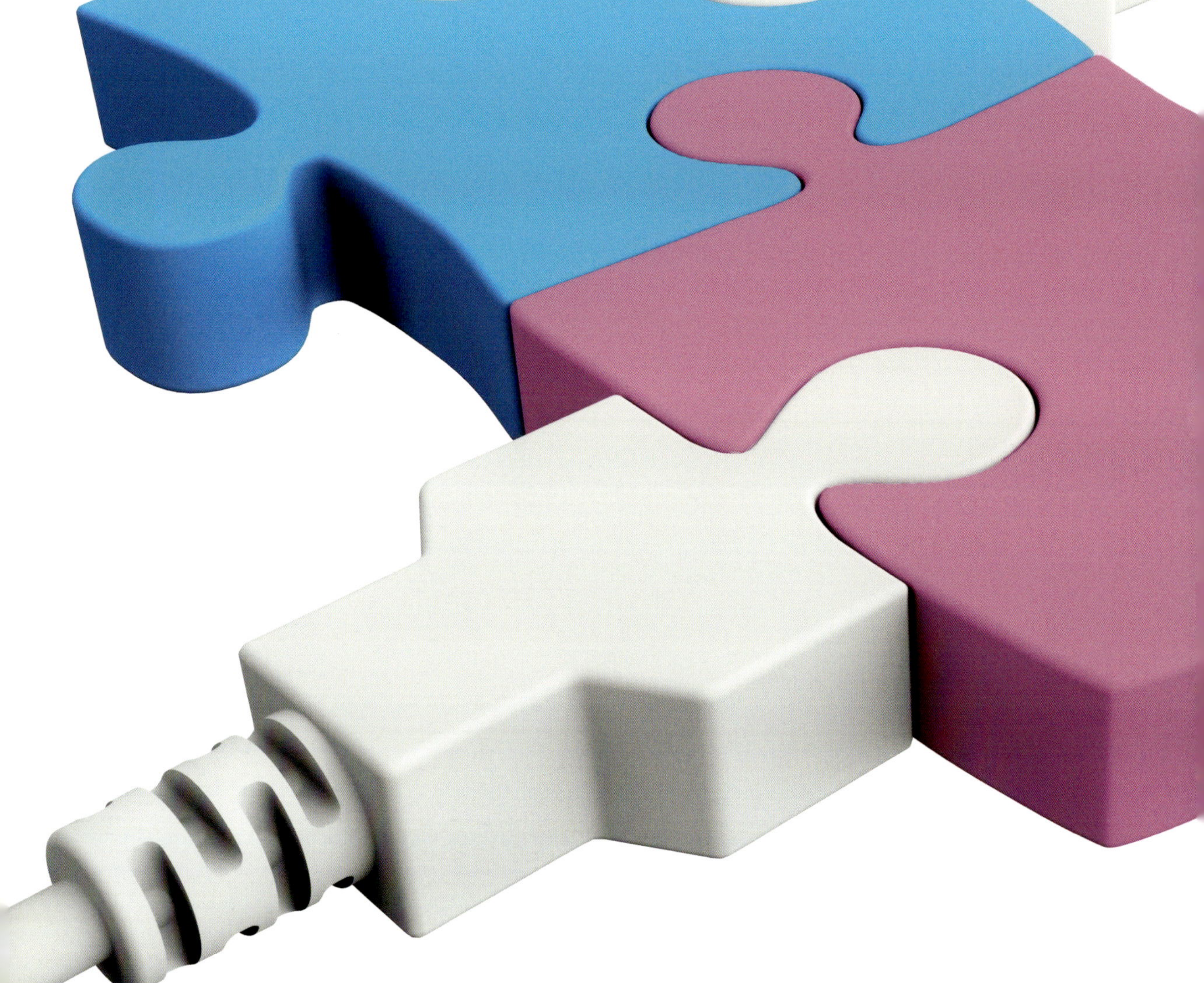

KAPITEL 8

FREMDGESTEUERT: Alles zum Thema USB-Verbindung

8 Direkte Datenausgabe an Word oder Excel

Multimediaanwendungen, wie man sie heute kennt, wurden erst mit der USB-Schnittstelle möglich. Innerhalb von Sekunden können damit hunderte von Dateien auf einen MP3-Musikplayer geladen werden. Viele Tausende Fotos oder Videosequenzen moderner Digitalkameras oder der so populären Android-Smartphones können nun innerhalb kürzester Zeit auf einen PC oder Laptop übertragen werden.

Speichermedien wie SD-Kartenleser oder Terabytefestplatten werden erst mit einer schnellen USB-Verbindung praxistauglich.

Das heute an jedem Rechner verfügbare Universelle Serielle Bussystem wurde ursprünglich von der Firma Intel entwickelt. Erste Entwürfe dazu wurden 1996 verabschiedet. Zunächst wurden hauptsächlich Drucker, Scanner, Mäuse und Tastaturen über USB mit dem Rechner verbunden. Die erste USB-Version, USB 1.0, war damit hauptsächlich ein moderner Nachfolger für die parallele und die serielle Schnittstelle.

Die maximale Datenübertragungsrate dieser Version 1.0 beträgt 1,5 Mbit/s (low Speed). Erst mit USB 1.1 wurden die maximalen Datenraten auf 12 Mbit/s (full Speed) erhöht. Erst damit wurde der Anschluss von externen Wechselspeichermedien mit hohen Speicherkapazitäten sinnvoll möglich. Die hohen Datenraten führten zu einer entsprechenden Akzeptanz für USB-Festplatten und Speichersticks mit Kapazitäten im Giga- und Terrabytebereich.

Ab 2000 wurde USB 2.0 mit einer High-Speed-Transferrate (480 Mbit/s) auf dem breiten Markt verfügbar, und USB-Peripheriegeräte wie externe Wechselfestplatten, Speichersticks und Chipkarten wurden zu allgegenwärtigen Standardgeräten.

2008 wurden der neue Standard USB 3.0 *SuperSpeed* eingeführt. Die theoretisch mögliche Datenrate von 5 Gbit/s wird allerdings in der Praxis kaum erreicht. Die tatsächlich realisierbare Datentransferrate liegt eher bei 4 Gbit/s.

Die ersten Mainboards mit USB 3.0 waren ab etwa 2011 auf dem Markt verfügbar. Die zugehörigen Geräte wie Festplatten und andere externe Medien folgten wenig später.

8.1 Datentransfer via USB

Ein USB-Anschluss verfügt über vier separate Leitungen. Neben der Versorgungsspannung, d. h. Masse und +5 Volt, sind zwei Datenleitungen vorhanden, die üblicherweise mit D+ und D- bezeichnet werden.

Die differenzielle Auslegung der Datenleitungen ermöglicht, die Signalpegel der USB-Leitung jeweils gegenphasig auf D+ und D- zu legen. Dadurch wird eine besonders effiziente Unterdrückung von Störeinstrahlungen erreicht, da externe Signale beide Pegel nahezu identisch beeinflussen. So ergibt sich eine besonders störungssichere Übertragung, und die oben erwähnten Datenraten bis in den GB/s-Bereich werden möglich.

Beim Anschluss eines USB-Geräts an einen PC-Port werden die Datenleitungen für die automatische Geräteerkennung verwendet. Zeigt die Datenleitung D+ z. B. einen Widerstand von ca. 1,5 kΩ zur Versorgungsspannung, wird das Gerät als Full- oder High-Speed-Device erkannt. Ist der 1,5-kΩ-Widerstand dagegen nach D- geschaltet, handelt es sich um ein Low-Speed-Gerät. Wenn die Datenleitungen für mehr als 2,5 s auf Low-Pegel verbleiben, wird angenommen, dass das Gerät vom Port entfernt wurde, und es erfolgt eine automatische Abmeldung.

Die maximale Kabellänge einer USB-Verbindung ist auf ca. 5 m festgelegt. Müssen größere Entfernungen überbrückt werden, ist der Einsatz eines USB-Hubs erforderlich.

Ein USB-Gerät darf direkt nach dem Anschließen maximal 100 mA aufnehmen. Erst nach einer entsprechenden Anforderung seitens des USB-Geräts liefert der Bus bis zu maximal 500 mA pro Port. Damit stehen also 2,5 W zur Verfügung – eine Leistung, die für viele Kleingeräte vollkommen ausreichend ist. Eine zusätzliche Stromversorgung dieser sogenannten »Bus powered«-Geräte kann damit entfallen. Bei höherem Leistungsbedarf können USB-Geräte aber auch mit einer eigenen Stromversorgung ausgestattet werden.

Der Arduino Micro nutzt die Möglichkeit der Stromversorgung über USB. Für das Board selbst und einige externe Low-Current-LEDs ist diese Art der Versorgung völlig ausreichend. Erst wenn umfangreiche Peripherie wie etwa Servos oder Schrittmotoren angesteuert werden sollen, ist eine zusätzliche Stromversorgung zu empfehlen. In diesem Fall kann eine externe Spannung über den Pin VI zugeführt werden. Das Umschalten auf die externe Spannungsquelle erfolgt automatisch.

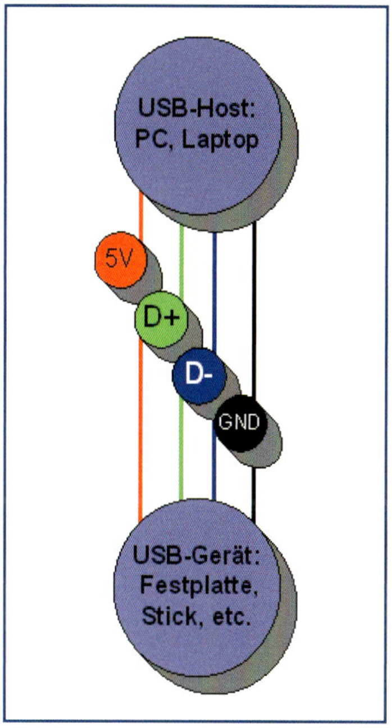

Abb. 8.1: Elektrischer Aufbau der USB-Schnittstelle

Abb. 8.2: Micro-USB-Stecker

Der Arduino nutzt die USB-Schnittstelle in zweifacher Hinsicht:

- Zur Übertragung der Mikrocontroller-Programme vom PC zum Mikrocontroller
- Zum Austausch von Daten zwischen PC und Controller während der Programmausführung

Bei der USB-Buchse auf dem Arduino Micro handelt es sich passenderweise um eine sogenannte Micro-Buchse.

8.2 Kommunikation zwischen Host und USB-Gerät

Eine USB-Verbindung besteht immer aus einem sternförmigen Netz von Geräten, das von einem sogenannten Host verwaltet wird. Der Host ist im Allgemeinen ein PC oder Laptop. Allerdings gibt es auch USB-Geräte, die sowohl als USB-Client als auch als Host arbeiten können. Einige der größeren Arduino-Varianten bieten diese Möglichkeit. Der Micro dagegen arbeitet immer als Client (USB-Device).

Der Host steuert die gesamte USB-Kommunikation. Er kann sowohl Daten in einen Pufferspeicher eines Geräts schreiben als auch Daten aus einem Device auslesen.

Ein USB-Gerät kann sich dagegen nicht selbstständig beim Host melden, wenn Daten angefordert oder gesendet werden sollen. Eine Steuerung etwa über einen Interrupt ist beim USB-System nicht vorgesehen.

Beim Anschließen eines Geräts an den USB-Bus oder aber auch bei einem Reset des Busses meldet sich ein Gerät beim Host mit der fiktiven Adresse »0« an. Daraufhin übergibt der Host dem Gerät eine gültige Adresse, im Bereich von 001 bis 127. Anschließend liest der Host die Konfigurationsdaten aus dem Gerät.

Die Konfigurationsdaten enthalten u. a. Informationen darüber, wie viel Pufferspeicher verfügbar ist und wie dieser Speicher genutzt werden soll. Außerdem wird dem Host mitgeteilt, wie häufig der Lesepuffer des Geräts abgefragt werden soll.

Da ein USB-Gerät nicht selbstständig senden kann, muss der Lesepuffer eines aktiven Geräts in regelmäßigen Zeitabständen auf das Vorliegen neuer Daten hin abgefragt werden. Dieser Vorgang wird auch als *Polling* bezeichnet. Für USB-Eingabegeräte wie etwa Tastaturen oder Mäuse erfolgt diese Abfrage bis zu mehrere 100 mal pro Sekunde, damit ein flüssiges und verzögerungsfreies Arbeiten ermöglicht wird.

Darüber hinaus enthalten die Konfigurationsdaten noch verschiedene andere Informationen, beispielsweise über den Strombedarf des Geräts (siehe dazu auch Kapitel 1.5).

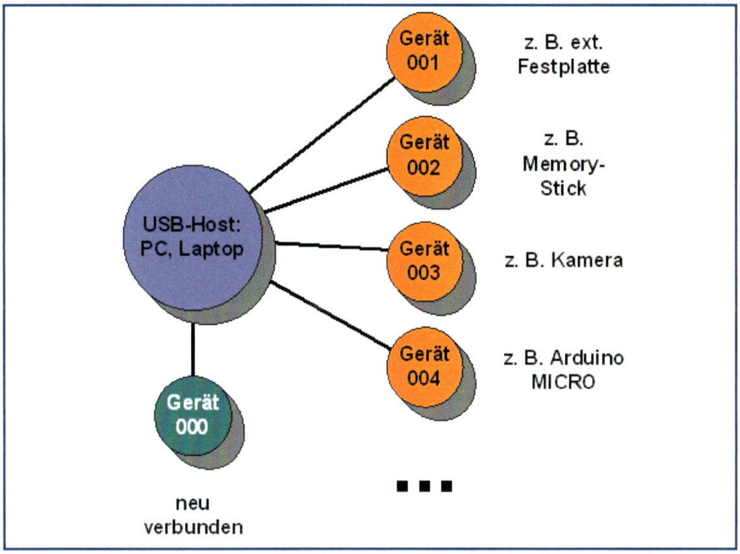

Abb. 8.3: Vergabe von Geräteadressen

Jedes Interface hat einen oder mehrere Endpunkte (Endpoints). Das sind Pufferspeicher, in die der USB-Controller Daten hineinschreiben kann (Out-Endpoint) oder herauslesen kann (In-Endpoint).

Damit der Controller die Konfiguration auslesen kann, besitzt jedes Interface einen Lesepuffer Nr. 0 (Endpunkt 0), der für die Konfiguration zuständig ist. Das ist der einzige Endpunkt, der sowohl ausgelesen als auch beschrieben werden kann. Alle anderen Endpunkte verfügen nur über eine Datenrichtung.

Jeder Endpunkt ist im Device natürlich in Hardware realisiert, und so ist die maximale Anzahl der verfügbaren Endpunkte von der im Device vorhandenen Hardware abhängig. Low-Speed-Devices haben maximal 4 Endpunkte, USB-2.0-Geräte können dagegen bis zu 32 Endpunkte aufweisen.

Als Hardware existieren in einem USB-fähigen Controller nur die Schnittstelle selbst und die Endpunkte. Alle anderen erforderlichen Einrichtungen wie Gerätekonfigurationen etc. sind Teil der Firmware. Als Softwareteile sind diese also beliebig veränderbar und können verschiedenen Erfordernissen angepasst werden.

Der ATmega32U4 besitzt nur eine USB-Schnittstelle. Er stellt somit auch nur ein einzelnes »Device« dar. Er kann aber mehrere Konfigurationen mit beliebig vielen Interfaces haben, solange dafür ausreichend Endpunkte zur Verfügung stehen.

8.3 Stromversorgung über USB

Auch über die inzwischen veralteten Schnittstellen wie den Parallelport und das RS-232-Interface konnte man mit einigen Tricks kleinere Geräte mit Strom versorgen. Allerdings war diese Möglichkeit meist auf wenige Milliampere beschränkt. Darüber hinaus stellten diese Methoden keine sehr zuverlässigen Lösungen dar, da sie eigentlich nicht dafür vorgesehene Spannungsquellen nutzten.

Beim USB-Port dagegen war die elektrische Versorgung eines angeschlossenen Geräts von vornherein mit eingeplant. Der USB-Bus stellt einem Gerät bis zu 0,5 A zur Verfügung. Um alle maximal möglichen 127 Geräte an einem Bus zu versorgen, müsste der Host mehr als 60 A bei 5 V, also über 300 W zur Verfügung stellen können. Es wäre natürlich unsinnig, jeden Host mit einer derartigen elektrischen Leistung auszurüsten. Der Host legt daher fest, wie viel Strom ein Gerät tatsächlich erhält. Zusätzlich kann ein Gerät auch vollständig von der Stromversorgung abgetrennt werden, wenn nicht genügend Strom zur Verfügung steht.

Zunächst stehen einem neu angemeldeten Gerät nur 100 mA zur Verfügung. Jedes USB-Gerät ohne externe Spannungsversorgung muss also über einen Betriebsmodus verfügen, der nicht mehr als 100 mA erfordert.

Nachdem sich das Gerät in diesem Low-Power-Modus am Bus angemeldet hat, schaltet der Device-Treiber im PC das Gerät in die aktive Konfiguration. In dieser Betriebsart kann es nun seine volle Funktionalität erfüllen.

Falls nicht mehr genügend Stromreserven zur Verfügung stehen, kann der Host das Umschalten in den aktiven Modus auch verweigern. Dadurch wird eine Überlastung der USB-Stromversorgung vermieden. Das Betriebssystem des Hosts gibt in diesem Fall eine entsprechende Warnmeldung aus. Dann kann man sich aber mit einem aktiven USB-Hub behelfen. Diese Geräte verfügen über eine eigene leistungsfähige Stromversorgung und ermöglichen so auch den Anschluss mehrerer Geräte mit hoher Stromaufnahme an einen einzelnen USB-Port.

Verbraucht ein Gerät unerwartet mehr Strom, als ihm nach den Konfigurationsdaten zusteht, kann es vom Host vollständig abgeschaltet werden.

Generell sollten USB-Ports immer mit selbstrücksetzenden Sicherungen versehen sein. Allerdings zeigt die Praxis, dass das nicht immer so ist. Es sind Fälle bekannt, in denen die Absicherung des USB-Ports lediglich aus niederohmigen Widerständen besteht. Werden solche Ports auch nur ein einziges Mal kurzzeitig überlastet, sind sie anschließend permanent defekt.

Beim Betrieb des Arduino Micro ist hier also besondere Vorsicht geboten. Insbesondere wenn externe Verbraucher wie Servos oder Schrittmotoren angeschlossen werden, kann es leicht zu Stromspitzen kommen, die den USB-Port eines Laptops permanent zerstören.

8.4 Softwarestruktur einer USB-Verbindung

Die folgende Abbildung zeigt in vereinfachter Weise, welche Komponenten an der Kommunikation zwischen PC (Host) und Arduino Micro (Gerät) beteiligt sind.

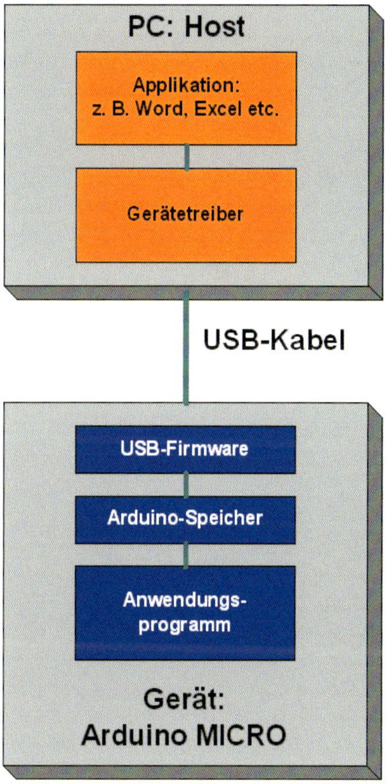

Abb. 8.4: USB-Softwarestruktur

Nachdem der Micro über das USB-Kabel mit dem PC verbunden wurde, teilt er dem Betriebssystem mit, welche Gerätetreiber benötigt werden. Wenn der Treiber bereits installiert ist, wird er nun automatisch geladen. Ist der Treiber noch nicht installiert, wird der Anwender zur Installation aufgefordert (siehe Kapitel 4.1).

Von jetzt an können Anwendungsprogramme im PC wie etwa Word oder Excel Daten an den Gerätetreiber senden oder von diesem empfangen. Der Treiber leitet die Daten dann an die Firmware im Arduino weiter oder übernimmt diese vom Controller.

Die Firmware im Arduino legt die Daten dann im internen Speicher des Controllers ab. Dort kann das Arduino-Anwendungsprogramm die Daten abholen und weiterverarbeiten.

Sollen umgekehrt Daten wie etwa Messwerte oder Mauszeigerpositionen von der Arduino-Anwendung an die PC-Applikationen gesendet werden, legt die Controlleranwendung diese Daten im internen Speicher ab. Der Host kann diese Daten dann vom Gerätetreiber anfordern. Der Treiber liest über die USB-Firmware aus dem Controllerspeicher und übergibt sie schließlich an die Windows-Applikation.

Neben einem Arduino-Sketch und einer PC-Applikation werden also zusätzlich immer noch sowohl ein USB-Gerätetreiber als auch eine USB-Firmware benötigt.

Die Erstellung der beiden letztgenannten Softwareteile ist für nicht professionelle Anwender kaum zu empfehlen. Sie ist mit erheblichem Aufwand verbunden und erfordert tief gehende Spezialkenntnisse. Für Arduino-Anwender ist das aber auch in keinem Fall nötig, da entsprechende Treiber- und Firmwareversionen kostenlos zur Verfügung stehen.

8.5 Der Arduino als USB-Tastatur

Da der ATmega32U4 über eine integrierte USB-Schnittstelle verfügt, ist kein zusätzlicher Wandlerbaustein von USB auf RS-232 erforderlich. Das ist ein wesentlicher Unterschied zu anderen Arduino-Versionen wie etwa dem Duemilanove oder dem UNO. Aufgrund dieser in den Controller integrierten USB-Schnittstelle kann der Micro, anders als etwa der UNO, auch direkt als USB-Device eingesetzt werden.

Die zugehörigen Bibliotheken werden bereits mit der Arduino-IDE mitgeliefert. Sie gestatten, den Micro beispielsweise als USB-Tastatur oder als USB-Maus-Interface einzusetzen. Dadurch ergibt sich ein weites Feld neuer und höchst interessanter Anwendungen.

So war es bisher nur auf relativ umständlichem Wege möglich, Messdaten aus dem Arduino zu verarbeiten. Der klassische Weg lief über den seriellen Monitor. Hier konnten Arduino-Messdaten vom PC problemlos empfangen werden. Dann wurden die Daten aus dem seriellen Monitor per »Copy and Paste« in ein Datenverarbeitungsprogramm wie beispielsweise Excel übertragen.

Wird der Micro als tastaturkompatibles Gerät konfiguriert, können Werte direkt, d. h. ohne manuellen Eingriff und ohne Zeitverzögerung, in ein Tabellenkalkulationsprogramm geschrieben werden.

8.6 Direkte Ausgabe von Daten an Excel

Besonders praktisch ist die Konfiguration des Micro als USB-Tastatur, wenn man Messdaten direkt an Excel ausgeben möchte. Man muss dann nur noch eine Excel-Datei öffnen, den Cursor in die aktuelle Startzelle setzen und den Arduino starten. Wenn man in Excel eine Grafik erstellt, ist es sogar möglich, die eingehenden Messwerte direkt online in der grafischen Ausgabe zu verfolgen.

Will man den vollen Wertebereich aller möglichen Messergebnisse nutzen, sind einige Besonderheiten zu beachten:

- Wie bei anderen Keyboardanwendungen muss das US-amerikanische Tastaturlayout beachtet werden. Wird das nicht beachtet, werden z. B negative Werte nicht korrekt dargestellt.

- Alternativ kann man im Sketch das Minuszeichen »-« durch den Bruchstrich »/« ersetzen. Dann werden bei Verwendung des deutschen Tastaturlayouts negative Zahlen wieder korrekt geschrieben.
- Der Dezimaltrennungszeichen ist der Punkt (nicht das in Europa übliche Komma).

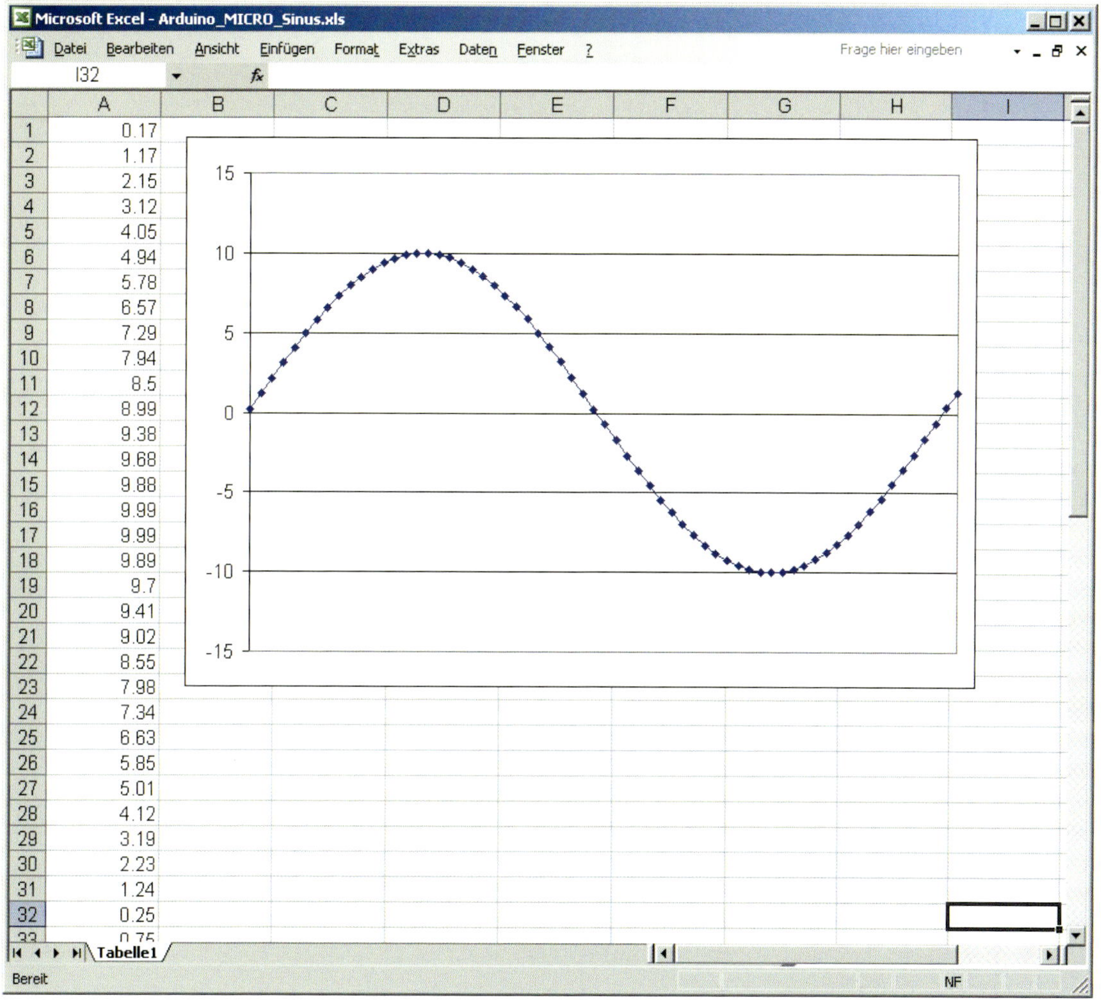

Abb. 8.5: Excel-Daten direkt aus dem Arduino Micro

Auch hier gilt, dass man den Schreibvorgang immer so steuern sollte, dass er jederzeit über einen Hardwareschalter abgebrochen werden kann. Obwohl das Problem nicht so schwerwiegend ist wie bei der Maussteuerung, kann es doch zu erheblichen Schwierigkeiten bei der Neuprogrammierung führen. Weitere Details dazu finden Sie im nächsten Kapitel.

Das folgende Programm gibt die Werte einer Sinusfunktion direkt an eine Excel-Tabelle weiter.

Sketch: Datenausgabe an Excel (Excel_write.ino)

```
// Send values to excel

const int buttonPin = 2;          // input pin for pushbutton
float result;

void setup()
{ pinMode(buttonPin, INPUT);
  Keyboard.begin();
}

void loop()
{ while(digitalRead(buttonPin))
  { result=10*sin(counter/10.0);
    if (result >= 0) Keyboard.println(result);
    else { Keyboard.print("/"); Keyboard.println(abs(result));}
    counter++;
    delay(300);
  }

}
```

Die Variable *buttonPin* legt den Pin für die Ablaufsteuerung fest. Das Programm gibt nur Werte aus, solange dieser Pin auf High-Potenzial liegt. Das wird durch die Anweisung

```
while(digitalRead(buttonPin))
```

in der Hauptschleife des Programms erreicht. Mit

```
result=10*sin(counter/10.0);
```

werden die gewünschten Sinus-Werte erzeugt.

Positive Werte werden direkt ausgegeben. Negativen Werten wird das Zeichen »/« vorangestellt, sodass sie mit einem deutschen Tastaturlayout als negative Werte erkannt werden.

8.7 Mauszeiger außer Kontrolle!

Eine weitere interessante Anwendung des integrierten USB-Ports ist die Steuerung einer Computermaus. Dabei ist allerdings einige Vorsicht angebracht.

Beachtet man jedoch die nebenstehend beschriebene Vorsichtsmaßnahme, kann man mit einem als Maus-Device konfigurierten Arduino Micro interessante Anwendungen erstellen.

Warnung

Wenn der Micro als USB-Maus-Device programmiert wird, übernimmt er natürlich nach dem Upload vollständig die Mauskontrolle. Dann kann es schwierig sein, mit dem angeschlossenen Rechner vernünftig zu arbeiten. Das betrifft natürlich auch den Upload eines neuen Sketches. Es besteht also die Gefahr, dass es unmöglich wird, den Arduino neu zu programmieren.
Man muss demnach immer darauf achten, dass man die Mauskontrollfunktion beispielsweise über einen Taster jederzeit deaktivieren kann.

8.8 Arduino steuert die Computermaus

Das folgende Programm zeigt ein Anwendungsbeispiel zur Steuerung der Computermaus.

```
// dancing mouse
```

Sketch: Arduino Micro als Mouse-Device (Dancing_Mouse.ino)

```
const int mouseButton = 6;

int mouseDelay = 100;      // response delay of the mouse, in ms
int led = 13;

void setup()
{ pinMode(led, OUTPUT);
  pinMode(mouseButton, INPUT);
  Mouse.begin();
}

void loop()
{  while (digitalRead(mouseButton))
  {   digitalWrite(led, HIGH);
      Mouse.move(100, 0, 0);
      delay(mouseDelay);

      digitalWrite(led, LOW);
      Mouse.move(0, 100, 0);
      delay(mouseDelay);

      digitalWrite(led, HIGH);
      Mouse.move(-100, 0, 0);
      delay(mouseDelay);
```

```
        digitalWrite(led, LOW);
        Mouse.move(0, -100, 0);
        delay(mouseDelay);
    }
}
```

Über die Variable *mouseButton* wird die erforderliche Aktivierung erreicht. Sobald der Pin 6 auf High gezogen wird, beginnt der Mauszeiger des angeschlossenen PC, die vier Ecken eines Quadrats anzuspringen. Erst wenn der Pin auf Low geschaltet wird, endet dieses Spiel.

Versuchen Sie einmal probeweise bei aktivierter Maussteuerung den Controller neu zu programmieren. Dann werden Sie die Abschaltfunktion schnell schätzen lernen!

Die Funktion

```
Mouse.move(x, y, w);
```

sorgt für die Positionierung des Mauszeigers. Die Parameter x und y bewegen den Zeiger um entsprechende Schritte auf dem Bildschirm. Mit w kann ein Scroll-Rad emuliert werden.

Die Verzögerungszeit zwischen zwei Mausschritten wird über die Variable *mouseDelay* eingestellt. LED13 dient als Kontrollanzeige für die Mausaktivität.

KAPITEL 9

BEWEGUNG BITTE!: Ansteuern von Motoren

9 Periphere Komponenten und Physical Computing

Soll ein Mikrocontroller mit seiner Umgebung interagieren, d. h. einerseits Messwerte aufnehmen, andererseits aber auch bestimmte Aktionen ausführen, muss er über eine gewisse Peripherie verfügen. Werden über die peripheren Einheiten insbesondere auch mechanische Bewegungsabläufe gesteuert, spricht man von *Physical Computing*.

Physical Computing ist ein modernes und inzwischen populäres Anwendungsgebiet für Mikrocontroller. Hier geht es darum, die reale, physikalische Welt zu beeinflussen und zu steuern. Physical Computing befasst sich allgemein mit interaktiven Systemen, die durch den Einsatz von Hard- und Software ihre Umgebung beeinflussen.

Typische Anwendungen finden sich im Bereich der Industrieautomatisierung, bei der Fahrzeugsteuerung und Fahrsicherheit, bei der Ton- und Musikerzeugung, der Steuerung von Automaten oder Kunstobjekten. Aber auch das inzwischen weite Gebiet der Hausautomatisierung gehört dazu.

Entsprechende Systeme reagieren auf bestimmte Zustände oder Ereignisse in der realen Welt. Klassische Beispiele sind hier die Erfassung von Temperaturen oder Helligkeiten über geeignete Sensoren. Da sich diese Parameter in der realen, d. h. analogen, Welt kontinuierlich und nicht etwa sprunghaft digital ändern, ist hier häufig die Erfassung von analogen Werten erforderlich.

Entsprechend sind auch bei der Ausgabe von Systemdaten häufig analoge Zwischenwerte gewünscht. So ist etwa das Ein- oder Ausschalten einer Lampe deutlich weniger komfortabel als eine kontinuierliche Regelung. Auch bei mechanischen Größen sind meist kontinuierliche Bewegungen erforderlich. Hier leisten Schrittmotoren mit höher Auflösung und Servos häufig bessere Dienste als elektromechanische Relaissteuerungen.

In einem engeren Sinn werden mit Physical-Computing-Anwendungen auch Systeme bezeichnet, die sich mit der Beziehung zwischen Menschen und elektronisch-digitalen Systemen befassen.

Auch für Projekte mit einem künstlerischen oder designtechnischen Hintergrund wird der Begriff des Physical Computing immer häufiger verwendet. Gerade im Umfeld der Arduino-Anwendungen zählen hierzu auch insbesondere Do-it-yourself- und Hobbyanwendungen.

9.1 Displaytechnik

Zu den am häufigsten zusammen mit einem Arduino eingesetzten peripheren Modulen gehören alphanumerische Displays. Der Arduino Micro wird damit zum PC-unabhängigen Mikrorechner. Daten und Messwerte müssen nun nicht mehr über den seriellen Monitor ausgegeben werden, sondern können direkt auf dem Display dargestellt werden.

Eine passende LCD-Bibliothek wird bereits mit der Standard-Arduino-IDE mitgeliefert. Sie arbeitet mit allen LCD-Displays, die mit dem bekannten HD44780-Treiber von Hitachi kompatibel sind. Die Anschlusskonfiguration dieser Module hat sich als Quasistandard durchgesetzt.

Erforderliche Bauelemente
1x Arduino Micro
1x Breadboard
1x HD44780-kompatibles Display
1x Widerstand 1 kΩ
1x Widerstand 150 Ω (für Backlight)
Drahtbrücken

Praktisch alle gängigen Anzeigeeinheiten mit 14 oder 16 Pins und ein oder zwei Zeilen à 16 Zeichen sind somit mit der hier vorgestellten Bibliothek verwendbar. Die folgende Abbildung zeigt, wie die Beispielprogramme der Bibliothek *LiquidCrystal* im Hauptmenü der IDE ausgewählt werden können.

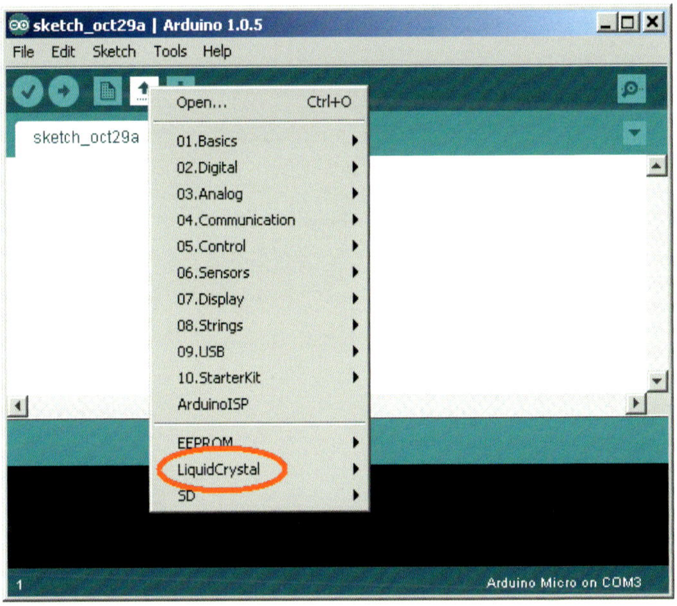

Abb. 9.1: »LiquidCrystal«-Bibliothek in der Arduino-IDE

Im zugehörigen Untermenü finden sich dann verschiedene Anwendungen dazu.

Zunächst muss aber das LCD-Display mit dem Arduino verbunden werden. Die folgenden Abbildungen zeigen das zugehörige Aufbaubild und eine praktische Ausführung des Aufbaus.

Abb. 9.2: Anschluss eines LCD-Displays an den Arduino Micro

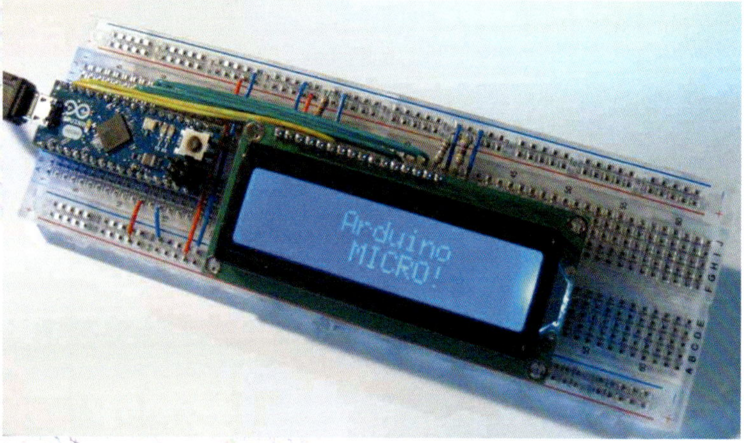

Abb. 9.3: Blaues LCD-Display in Aktion

Nachfolgend sind die notwendigen Verbindungen in Tabellenform:

LCD RS	digital pin 12
LCD Enable	digital pin 11
LCD D4	digital pin 5
LCD D5	digital pin 4
LCD D6	digital pin 3
LCD D7	digital pin 2
LCD R/W	Ground

Tab. 9.1: Verbindungen zwischen LCD und Arduino Micro

Unter Verwendung der Bibliothek *LiquidCrystal.h* kann das zugehörige Hauptprogramm sehr einfach ausfallen.

Sketch: Verbindungen zwischen LCD und Arduino Micro (LCD_Hello.ino)

```
// Hallo Arduino Micro

#include <LiquidCrystal.h>

LiquidCrystal lcd(12, 11, 5, 4, 3, 2);

void setup()
{ lcd.begin(16, 2);
  lcd.setCursor(5, 0);
  lcd.print("Hallo, ");
  lcd.setCursor(0, 1);
  lcd.print(" Arduino Micro!  ");
}

void loop() {}
```

Nach dem Einbinden der Bibliothek mit

```
#include <LiquidCrystal.h>
```

müssen also nur noch die Pinverbindungen zum LCD angegeben werden:

```
LiquidCrystal lcd(12, 11, 5, 4, 3, 2);
```

Nach der Initialisierung mit

```
lcd.begin(16, 2);
```

entsprechend 16 Zeichen in 2 Zeilen, kann im Setup bereits direkt auf das LCD-Display geschrieben werden. Mit

```
lcd.setCursor(5, 0);
```

wird die aktuelle Schreibposition auf das 5. Zeichen in der 1. Zeile gesetzt (die Zeilenzählung beginnt wie in der IT üblich mit Null).

Dann erfolgt die Ausgabe des Textes einfach mit

```
lcd.print("Hallo, ");
```

und

```
lcd.print(" Arduino Micro! ");
```

Hier zeigt sich deutlich, wie die Verwendung einer Bibliothek die Programmierung ganz wesentlich vereinfacht. Nur wenige Programmzeilen genügen, um ein alphanumerisches Display anzusteuern. Wollte man diese Aufgabe ohne die Hilfe der Bibliotheksfunktionen lösen, würde daraus ein Projekt, das auch einen erfahrenen Programmierer viele Stunden lang beschäftigt.

Wenn man sich einen ersten Eindruck verschaffen möchte, wie die Ansteuerung eines LCD-Displays im Detail aussieht, kann man die Datei *LiquidCrystal.cpp* im Verzeichnis *...Arduino\arduino-1.0.5\libraries\LiquidCrystal* mit einem Editor wie etwa dem Windows WordPad öffnen. Hier zeigt sich, welcher Aufwand durch den Einsatz der fertigen Bibliothek eingespart werden konnte.

9.2 Gleichstrommotorsteuerung

Neben den unterschiedlichsten Sensoren können vor allem auch elektromechanische Systemeinheiten wie Schritt- oder Gleichstrommotoren, Servos oder Elektromagnete von modernen Controllern gesteuert werden.

Kleinere Motoren mit geringer Aufnahmeleistung sind sogar direkt über einen Digitalpin des Arduinos ansteuerbar. Erst Motoren mittlerer und größerer Leistung erfordern eigene Ansteuereinheiten, die im einfachsten Fall jedoch lediglich aus einem einfachen Leistungstransistor bestehen können.

9.3 Vollautomatische Ventilatorsteuerung

Als Anwendungsbeispiel für eine Gleichstrommotorsteuerung wird hier eine automatische Ventilatorsteuerung vorgestellt. Als Ventilator selbst kommt ein 12-V-Typ zum Einsatz, wie er in vielen Geräten der Industrie- oder Unterhaltungselektronik wie etwa PCs, Laptops oder auch Set-Top-Boxen zum Einsatz kommt.

Erforderliche Bauelemente

1x Arduino Micro
1x Breadboard
1x Gleichstrommotor mit Propeller oder Ventilator für 12 V
1x Widerstand 1 kΩ
1x Widerstand 4,7 kΩ
1x NTC-Temperatursensor 4k7
1x NPN-Universal-Leistungstransistor, z. B. BD135 o. Ä.
Drahtbrücken

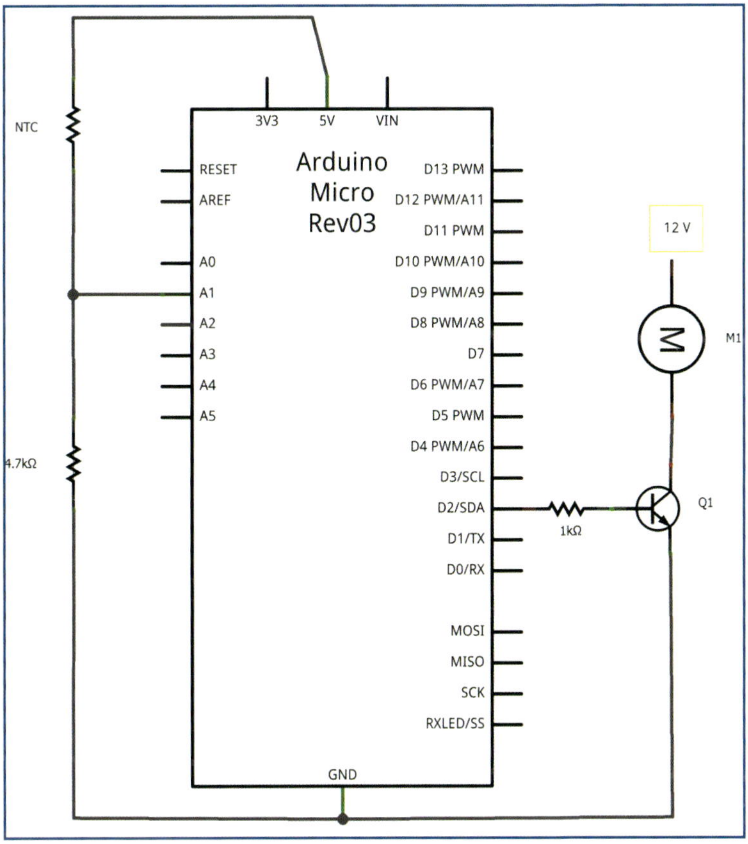

Abb. 9.4: Schaltung der vollautomatischen Ventilatorsteuerung

Die Ansteuerung erfolgt über einen Universal-Kleinleistungstransistor wie etwa einen BD135. Als Sensor dient ein NTC-Widerstand mit einem Nominalwert von 4,7 kΩ bei 25 °C. Weitere Details zur Temperaturerfassung finden sich in Kapitel 10.

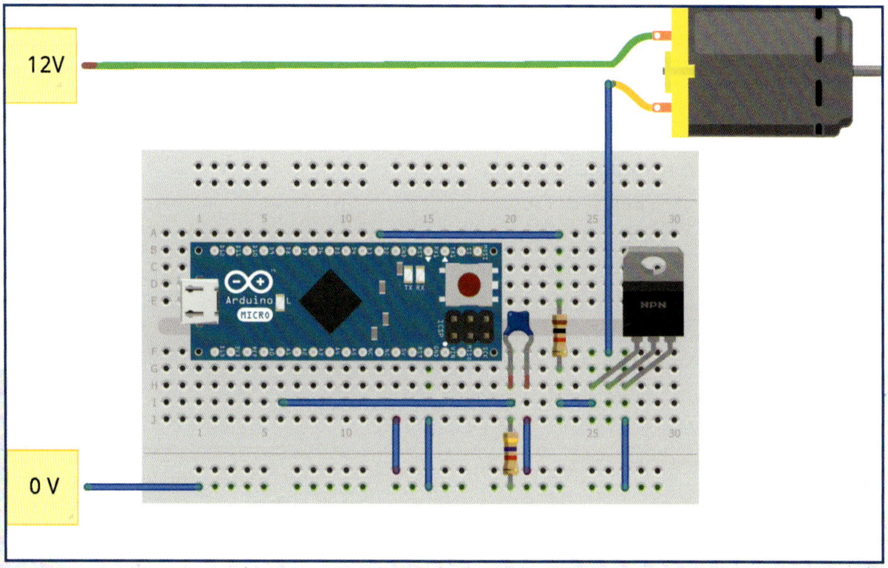

Abb. 9.5: Aufbaubild zur Ventilatorsteuerung

Abb. 9.6: Ventilatorsteuerung in Aktion

9.4 Schrittmotoren

Die Ansteuerung eines Schrittmotors (engl. Stepper) ist etwas aufwendiger als der Betrieb eines Gleichstrommotors. Im Gegensatz zu den 2 Anschlussleitungen eines Gleichstrommotors besitzen Schrittmotoren 4, 6 oder 8 Anschlüsse. Die Anzahl der Anschlüsse hängt vom Motortyp ab. Grundsätzlich sind zwei Bauarten zu unterscheiden: bipolare Motoren und unipolare Motoren.

Beide Schrittmotortypen bestehen aus einem drehbar gelagerten Motorteil, dem sogenannten Rotor, und den nicht drehbaren Statorspulen. Durch geeignete Ansteuerung der Statorspulen kann der Rotor um einen bestimmen Winkel gedreht werden. Der minimal mögliche Drehwinkel wird auch als Einzelschritt (Step) bezeichnet. Durch Aneinanderreihen von Einzelschritten können verschieden Motordrehwinkel jeweils als ganzzahliges Vielfaches eines Einzelschritts angefahren werden.

Viele moderne Stepper sind sogenannte Hybridmotoren. Dieser Motortyp vereint die Vorteile verschiedener älterer Bauformen, indem auf den Permanentmagneten des Stators ein gezahnter Weicheisenkranz angebracht wird. Werden besonders starke Magnete aus den Seltene-Erden-Metallen verwendet, entstehen High-Torque-Motoren, d. h. Motortypen mit besonders hohem Drehmoment. Sie haben sich insbesondere im Bereich der Robotertechnik durchgesetzt.

Andere typische Anwendungsgebiete für Stepper sind alle Arten von Druckern, neben den klassischen Matrixdruckern vor allem auch die besonders im privaten Bereich häufig anzutreffenden Tintenstrahldrucker.

Weitgehend ausgestorben dagegen sind Stepperantriebe für Schreib-/Leseköpfe in Diskettenlaufwerken. Allerdings bieten diese Laufwerke eine kostengünstige Quelle für hochwertige Stepper. Falls man also noch ein solches Laufwerk besitzt oder günstig erwerben kann, sollte man prüfen, ob sich der darin verbaute Schrittmotor für die Ansteuerung durch einen Arduino Micro eignet.

Solange sie nicht überlastet werden, folgen Schrittmotoren exakt ihren Steuersignalen. Sie können daher häufig zur Positionsrückmeldung eingesetzt werden. Oft ist eine einfache Endanschlagskontrolle ausreichend. Encoder oder Drehgeber, wie sie zur genauen Positionserkennung von Gleichstrommotoren eingesetzt werden, sind hier also meist nicht erforderlich.

Der Betrieb in einer geschlossenen Regelschleife, wie sie etwa bei Servos angewendet wird, ist bei Schrittmotoren ebenfalls im Allgemeinen nicht notwendig.

9.5 Prinzipieller Aufbau eines Schrittmotors

Bipolare Schrittmotoren besitzen zwei Spulen mit jeweils zwei getrennten Anschlüssen. Damit ergeben sich also insgesamt 4 Anschlüsse. Bei unipolaren Motoren weist jede Spule noch eine Mittelanzapfung auf, sodass hier 6 Anschlüsse vorhanden sind. Die folgende Abbildung zeigt den Aufbau eines unipolaren Steppers. Bei einem bipolaren Schrittmotor entfallen lediglich die Mittelanzapfungen der Spulen (in der Abbildung sind diese Anschlüsse mit *GND* bezeichnet).

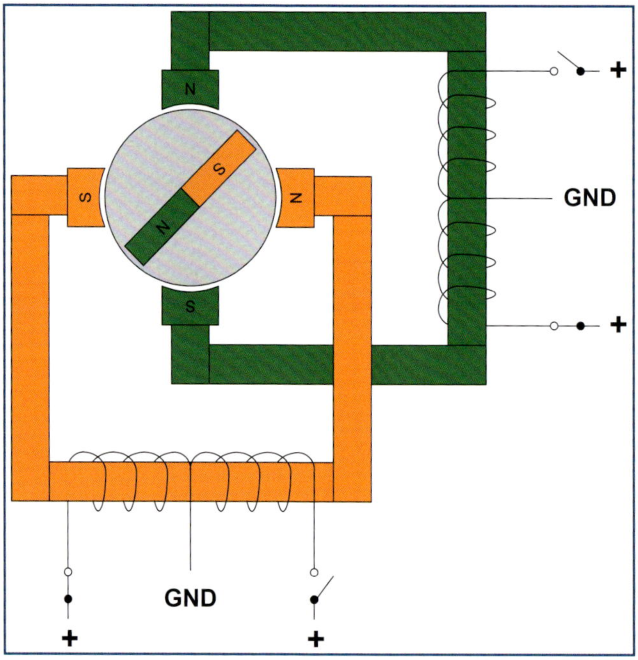

Abb. 9.7: Aufbau eines Schrittmotors

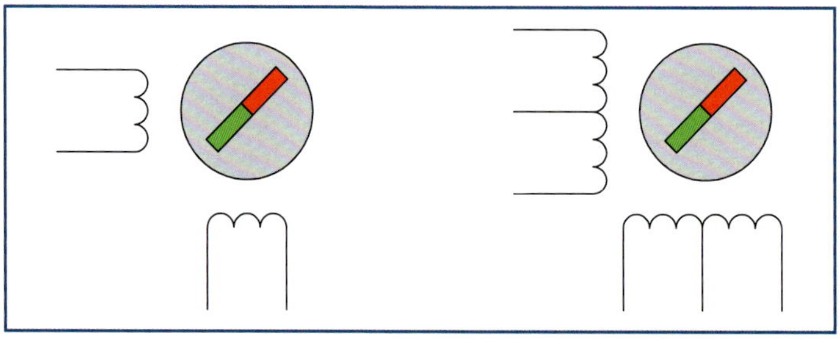

Abb. 9.8: Schrittmotortypen: bipolar (links) und unipolar (rechts)

Für den Betrieb des Motors müssen die einzelnen Spulen nacheinander unter Strom gesetzt werden. Beim bipolaren Motor werden die Mittelanzapfungen der Spulen wie in Abbildung 9.9 meist auf Masse (GND) gelegt. Werden die vier verbliebenen Anschlüsse nun sequenziell angesteuert, bewegt sich der Motor um jeweils einen einzigen Schritt vorwärts oder rückwärts – je nach gewählter Anschlussreihenfolge.

Die Schrittgröße ist vom jeweiligen Motortyp abhängig. Häufig ist eine Schrittweite von 1,8° anzutreffen. Damit ergeben sich folgende Drehwinkelwerte:

Drehwinkel	Anzahl der Schritte	
1,8°	1	Einzelschritt
90°	50	Rechter Winkel
180°	100	Halbe Umdrehung
360°	200	Volle Umdrehung

Tab 9.2: Drehwinkelwerte eines Schrittmotors

Bei bipolaren Schrittmotoren haben die Spulen keine Mittelanzapfung. Dafür werden sie während der Schrittabfolge umgepolt. Das erfordert eine Ansteuerung über eine sogenannte H-Brücke. Eine solche Brücke ist in der Lage, die Polarität an ihren Ausgängen zu tauschen.

Abb. 9.9: Bipolarer Schrittmotor

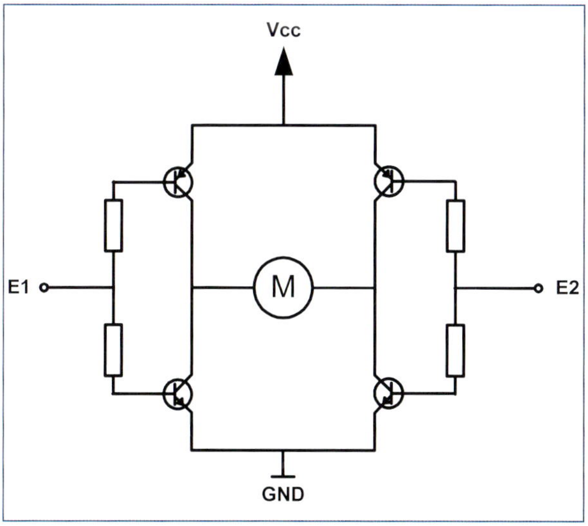

Abb. 9.10: Aufbau einer H-Brücke

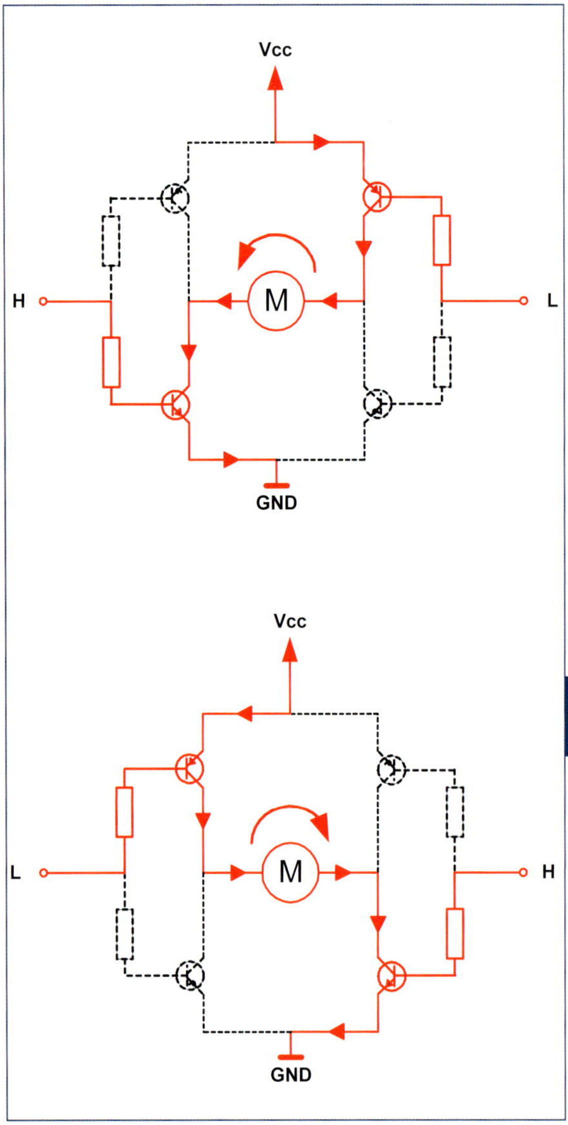

Abb. 9.11: Umpolen eines Motors mit einer H-Brücke

Die folgende Abbildung verdeutlicht die Arbeitsweise der Brücke. Wird der Anschluss E1 auf High-Potenzial gelegt, leitet der Transistor links unten. Liegt zusätzlich E2 auf Low, leitet der Transistor rechts oben. Der Motor liegt also mit dem linken Anschluss auf GND-Potenzial, während der rechte Anschluss mit Vcc verbunden ist. In dieser Konfiguration dreht sich der Motor dann beispielsweise im Uhrzeigersinn.

Werden die Potenziale an E1 und E2 getauscht, drehen sich die Verhältnisse um, und der Motor dreht sich in die andere Richtung, also gegen den Uhrzeigersinn.

Auf die gleiche Weise können die Polaritäten an den Spulen eines Schrittmotors umgedreht werden, sodass die Ansteuerung eines bipolaren Motors mit nur einer einpoligen Spannungsquelle möglich wird. Der einfachere Aufbau des bipolaren Schrittmotors macht also eine komplexere Ansteuerung notwendig.

9.6 Elektrische Ansteuerung von Schrittmotoren

Die Erzeugung des sogenannten Drehfelds, also der sequenziellen Aktivierung der Spulen im Schrittmotor, kann problemlos über einen Mikrocontroller erfolgen. Die elektrische Leistung eines Controllerports reicht aber natürlich bei Weitem nicht aus, um einen Motor zu betreiben. So liegt der typische Maximalstrom eines Controllerpins bei 20–40 mA. Die Stromaufnahme eines Steppers aber liegt meist bei einigen 100 mA und kann bei größeren Motoren leicht mehrere Ampere betragen.

Aus diesem Grund ist das Zwischenschalten eines sogenannten Steppertreibers unerlässlich. Diese Treiber sind in verschiedenen Leistungsklassen verfügbar. Für kleinere Leistungen ist der L293 oft ausreichend.

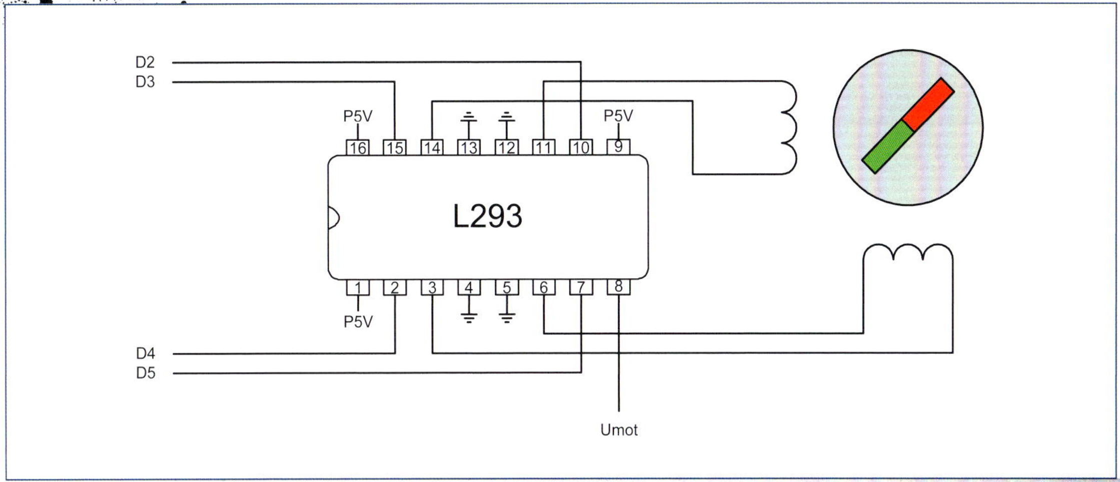

Abb. 9.12: Bipolare Schrittmotorsteuerung mit dem L293

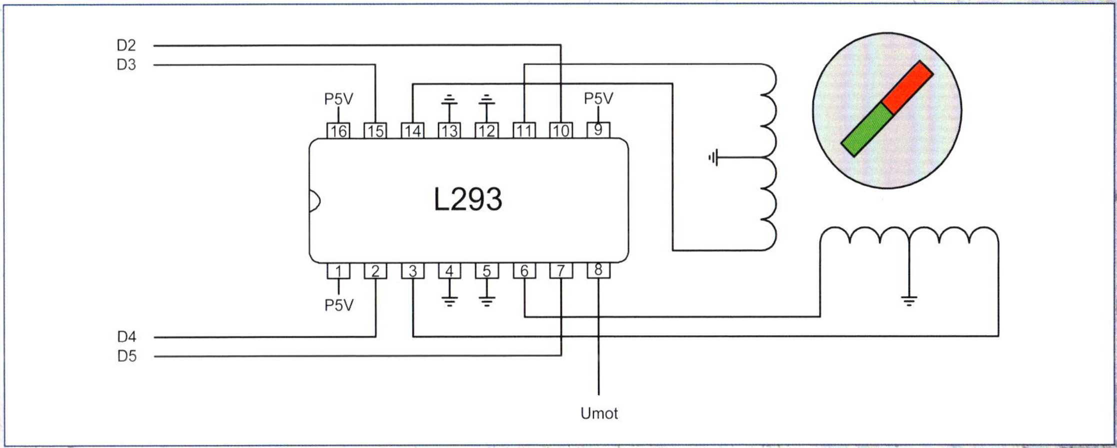

Abb. 9.13: Unipolare Schrittmotorsteuerung mit dem L293

Wie die Abbildungen zeigen, sind für eine Schrittmotorsteuerung vier Controllerpins erforderlich. Der Mikrocontroller muss also eine 4-stellige Bitfolge ausgeben, um den Motor an seinen 4 Anschlüssen kontinuierlich mit einem elektrischen Drehfeld zu versorgen.

Schritt	D2	D3	D4	D5
1	1	0	1	0
2	0	1	1	0
3	0	1	0	1
4	1	0	0	1

Tab. 9.3: Signalfolge für die Ansteuerung eines Schrittmotors

Bei jeder Änderung der Portzustände bewegt sich der Schrittmotor um einen Schritt vorwärts. Für eine kontinuierliche Motordrehung wird diese Schrittabfolge in eine Schleife eingebunden. Der Schleifenindex gibt dann die Zahl der Schritte an. Mit dieser Methode kann mit hoher Präzision festgelegt werden, wie weit sich ein Schrittmotor dreht. Da die Anzahl der Schritte für eine volle Umdrehung bekannt ist, kann so natürlich auch berechnet werden, wie viele Schritte eine Programmschleife enthalten muss, um eine bestimme Anzahl von Motorumdrehungen zu erreichen.

Wird kein Getriebe verwendet, sind bei vielen Motoren 200 Schritte pro Radumdrehung erforderlich. Kennt man den Umfang eines an der Schrittmotorachse befestigten Rads, kann man genau berechnen, welche Fahrtstrecke ein Roboter mit diesem Rad bei einer bestimmten Anzahl von Motorschritten zurücklegen würde. Dieses Verfahren wird auch als Odometrie bezeichnet.

Mittels der Odometrie (Griechisch hodós »Weg« und métron »Maß«) kann man also Position und Orientierung von mobilen Systemen berechnen. Entsprechend lässt sich so aber auch beispielsweise die Position eines Roboterarms präzise steuern.

Ein Schrittmotor bewegt sich nur, wenn sich das Bitmuster an den Steuerports ändert. Andernfalls sorgt das Haltemoment dafür, dass er sich nicht weiterbewegt. Nachteilig ist jedoch, dass der Motor auch im Stand mit Strom versorgt werden muss, damit er ein gewisses Haltemoment entwickelt. Sind alle Motorspulen stromlos, kann die Motorachse mit relativ geringem äußeren Kraftaufwand bewegt werden.

Bei Roboterfahrzeugen führt das dazu, dass sie bereits bei geringen Steigungen unkontrolliert abrollen können. Bei Roboterarmen wird die Armposition selbst bei geringen Belastungen nicht gehalten. Die Situation verbessert sich etwas, wenn Getriebeuntersetzungen verwendet werden. Allerdings sollte auch in diesem Fall immer geprüft werden, ob das Stromlosschalten der Motorspulen nicht zu unerwünschten Eigenbewegungen führt.

Ein weiteres Problem ist der sogenannte Schrittverlust. Er tritt auf, wenn ein Motor mechanisch zu stark belastet wird. In diesem Fall kann es vorkommen, dass der Rotor dem elektrischen Drehfeld nicht exakt folgen kann. Es ist also immer darauf zu achten, dass der Motor mit ausreichender Leistung versorgt wird, wenn größere Antriebskräfte erforderlich sind. Kommt es dennoch zum Schrittverlust, besteht kein fester Zusammenhang mehr zwischen der Anzahl der Steuerschritte und der Motordrehung. Eine genaue Motorpositionierung allein über die Schrittzahl ist dann nicht mehr möglich.

Reicht die Stromstärke des L293 für eine schrittverlustfreie Ansteuerung nicht mehr aus, kann der deutlich leistungsstärkere L298 eingesetzt werden. Er liefert Ströme von bis zu 4 Ampere, was für die meisten Anwendungen im nicht kommerziellen Bereich ausreichend sein sollte. Die folgende Abbildung zeigt die Ansteuerung eines unipolaren Schrittmotors mit diesem Baustein.

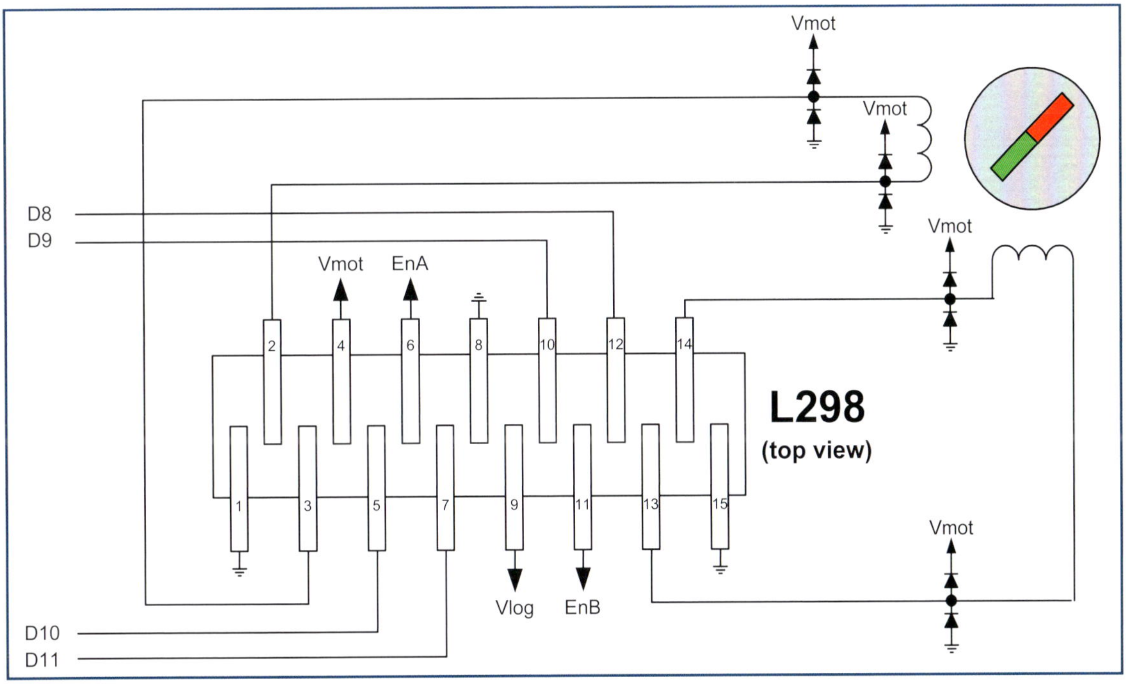

Abb. 9.14: Unipolare Schrittmotorsteuerung mit dem L298

Zu beachten ist, dass bei der Anwendung des L298-Treibers unbedingt sogenannte Clamping- oder Freilaufdioden verwendet werden müssen. Diese Dioden werden jeweils in Sperrrichtung zwischen der Motorversorgungsspannung und der Motorzuleitung bzw. der Zuleitung und Ground geschaltet. Sie verhindern, dass der Treiberbaustein durch induktive Spannungsspitzen aus dem Schrittmotor zerstört wird.

Bei Schrittmotoren mit 8 Anschlüssen handelt es sich um Motoren, bei denen beide Spulen in der Mitte aufgetrennt und alle Spulenanschlüsse separat herausgeführt wurden. Sie erlauben einen flexiblen Einsatz, wahlweise als bipolare oder unipolare Motortypen. Zusätzlich sind die Motorleistung und Anschlusswerte variierbar, indem die 4 Spulen entweder parallel oder in Serie geschaltet werden.

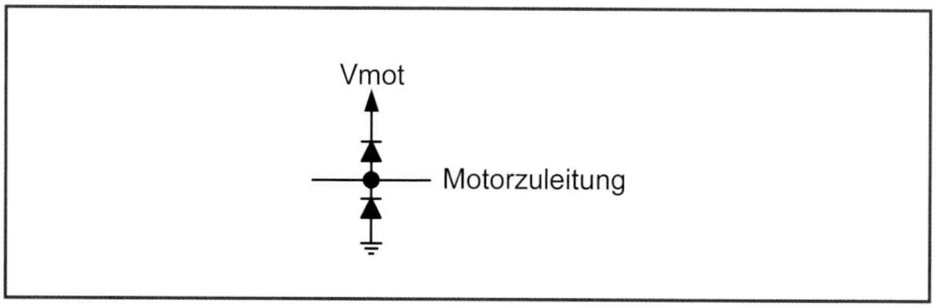

Abb. 9.15: Clamping-Dioden

9.7 Softwaresteuerung für Schrittmotoren

Die einfachste Betriebsart eines Schrittmotors ist der sogenannte Wave-Drive. In diesem Ansteuermodus wird immer nur jeweils eine Spule vom Strom durchflossen. Der Rotor springt hierbei immer von einer Schrittposition in die nächste. Der Nachteil dieser Methode liegt im vergleichsweise geringen Drehmoment, das der Motor auf diese Weise entwickelt.

Werden immer zwei benachbarte Spulen unter Strom gesetzt, spricht man vom sogenannten Vollschrittbetrieb. Hier wird bereits ein deutlich größeres Drehmoment erreicht. Da der Rotormagnet von beiden Spulen gleich stark angezogen wird, liegen die Schrittpositionen beim Vollschrittmodus genau zwischen den Positionen des Wave-Drive-Betriebs.

Wenn beide Betriebsarten kombiniert werden, ergibt sich der sogenannte Halbschrittmodus. Dabei werden also immer abwechselnd erst eine und dann beide Spulen aktiviert. Der Rotor springt bei dieser Methode also von der normalen Schrittposition in die Position zwischen den zwei Spulen. Dadurch können genau doppelt so viele Schritte pro Umdrehung ausgeführt werden wie beim Wave-Drive oder im Vollschrittmodus.

Softwaretechnisch gesehen kann die in Tabelle 9.3 dargestellte Signalfolge natürlich problemlos über einzelne DigitalWrite-Befehle umgesetzt werden. Für Arduino-Anwender gestaltet sich die Schrittmotoransteuerung aber noch einfacher. Hier steht eine komplette Bibliothek für die Motoransteuerung bereits in der Standard-IDE zur Verfügung (*stepper.h*).

Die Bibliothek bietet die folgenden Funktionen:

- stepper(steps, pin1, pin2, pin3, pin4)
- setSpeed(rpm)
- step(steps)

Mit der Variablen *steps* wird dabei die Anzahl der Schritte für eine volle Umdrehung des Motors festgelegt. Dieser Wert liegt bei vielen Motortypen bei 200. Mit pin1 bis pin4 werden die Arduino-Ports angegeben, die für die Ansteuerung des Treiberbausteins gewählt wurden. Wählt man die Anschlussreihenfolge so wie in Abbildung 9.12, 9.13 oder 9.14 lauten die Pinbelegungen pin1 = 8, pin2 = 9, pin3 = 10, pin4 = 11.

Mit *setSpeed(rpm)* wird die Drehzahl des Motors in Umdrehungen pro Minute festgelegt. Für Experimente mit unbekannten Motoren ist hier der Wert 50 ein guter Start. Wird ein zu hoher Wert eingesetzt, kann der Motor dem Drehfeld nicht mehr folgen. Es kommt zu Schrittverlusten und schließlich, bei deutlich überhöhten Werten, wird der Rotor überhaupt keine Drehbewegung mehr ausführen, sondern nur noch vibrieren.

Der Befehl *step(steps)* führt schließlich die in *steps* angegebene Anzahl von Schritten aus.

Mit dem folgenden Beispielprogramm führt ein Standardschrittmotor also genau eine volle Drehung im Uhrzeigersinn und dann eine volle Drehung im Gegenuhrzeigersinn aus.

Testprogramm zur Ansteuerung eines Schrittmotors

```
// stepper test

#include <Stepper.h>
#define STEPS 200

Stepper stepper(STEPS, 8, 9, 10, 11);

void setup()
{ stepper.setSpeed(50);
}

void loop()
{ stepper.step(200);
  delay(1000);
  stepper.step(-200);
```

```
  delay(1000);
}
```

Wenn man die Idee des Halbschrittbetriebs weiterentwickelt, kann man zu einem nahezu idealen Drehfeld gelangen. Werden beide Spulenpaare mit einem jeweils Sinus- und Cosinus-förmigen Stromverlauf angesteuert, kann der Rotor praktisch jede Lage zwischen zwei Vollschrittpositionen einnehmen.

Auf diese Weise können theoretisch beliebig kleine Schritte ausgeführt werden. Bei optimaler Anpassung an die Motordaten kann so ein nahezu idealer Rundlauf des Steppers erreicht werden. Die Vorteile des Microstep-Betriebs liegen auf der Hand:

- Der Kraft- und Drehmomentverlauf wird bei kleineren Schritten gleichmäßiger.
- Die Gefahr des Schrittverlusts nimmt ab.
- Der Motor läuft mit deutlich reduziertem Betriebsgeräusch.
- Extrem langsame aber dennoch kraftvolle Drehungen werden ermöglicht.

9.8 Schrittmotorgesteuerter Teeautomat

Als nützliche Anwendung eines Schrittmotors wird hier ein Teeautomat vorgestellt. Die Aufbrühzeit eines Tees hat erheblichen Einfluss auf seine Qualität und Wirkung. Der Teeautomat soll deshalb für eine genaue Einhaltung der Zeit sorgen, die die Teeblätter im heißen Wasser bleiben.

Außerdem sind für verschiedene Teesorten unterschiedliche Aufbrühzeiten optimal. Kurze Ziehzeiten haben bei den meisten Teesorten eine anregende Wirkung. Längere Ziehzeiten schwächen dagegen die Wirkung des Koffeins ab und haben damit eher einen beruhigenden Einfluss. Die folgende Tabelle gibt eine Übersicht über die Wirkungen verschiedener Aufbrühzeiten.

Tab. 9.4: Wirkungen verschiedener Aufbrühzeiten von Tee

Ziehzeit	Wirkung
Zwei bis drei Minuten	Der Tee wirkt anregend, da nach relativ kurzer Zeit ein großer Koffeinanteil in den Tee übergeht. Die Gerbstoffe dagegen, die die Koffeinwirkung unterbinden könnten, werden noch nicht gelöst.
Vier bis fünf Minuten	Durch den nun höheren Anteil an Gerbstoffen wirkt der Tee eher beruhigend. Bei Ziehzeiten von über fünf Minuten entwickeln einige Tees jedoch einen bitteren Beigeschmack.

Der Teeautomat ist daher für verschiedene Zeiten programmierbar. Für die Ansteuerung des Schrittmotors kommt der L298 zum Einsatz. Das Anschlussbild entspricht der Abbildung 9.14.

Abb. 9.16: Teeautomat

Erforderliche Bauelemente
1x Arduino Micro
1x Breadboard
1x Schrittmotor
1x Motortreiber L298
8x Diode 1N4148 oder 1N4001
Drahtbrücken

Mithilfe der *Stepper.h*-Bibliothek gestaltet sich das zugehörige Programm recht einfach.

Sketch: Programm zum Teeautomaten (Tea_Timer.ino)

```
// tea timer

int brewingTime = 2;    // in minutes

#include <Stepper.h>
#define STEPS 200

Stepper stepper(STEPS, 8, 9, 10, 11);

void setup()
{ stepper.setSpeed(50);
}

void loop()
{ stepper.step(400);   // put bag into cup

  // brewing time
  for (int minutes = 0; minutes < brewingTime; minutes++)
    delay(60000);

  stepper.step(-400);  // remove bag from cup

  for (;;);
}
```

Mit *delay(60000)* wird eine Verzögerung von genau einer Minute erreicht (60.000 ms = 60 s = 1 Minute). Die Variable *brewingTime* enthält somit genau die Ziehzeit in Minuten. Sie kann entsprechend der gewünschten Teewirkung eingestellt werden.

Für den mechanischen Aufbau wurde hier ein Element aus einem Konstruktionsbaukasten verwendet. Natürlich kann man einen entsprechenden Aufbau auch aus Holz oder anderen Materialien selbst herstellen.

9.9 Solarzellennachführung

Die Solarstromerzeugung hat in den letzten Jahren einen deutlichen Aufschwung erfahren. Die Wirkungsgrade der Zellen wurden wesentlich verbessert und die Preise für Solarmodule sind durch Massenfertigung und technologische Verbesserungen drastisch gefallen. In Deutschland sind daher inzwischen auf vielen Hausdächern Solarzellen zu finden.

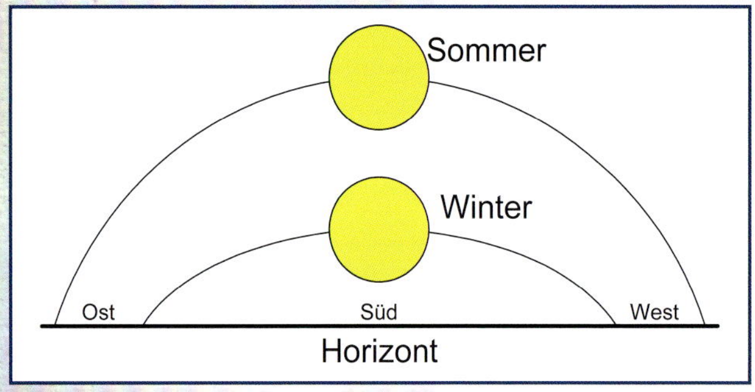

Abb. 9.17: Tagebögen der Sonne

Die meisten Anlagen sind aus Kostengründen fix montiert. Aber auch Anlagen, die die Zellen dem Sonnenstand nachführen, sind immer häufiger zu finden. Durch das Nachführen der Zellen wird der Wirkungsgrad eines Solarzellenarrays nochmals deutlich verbessert.

Aufgrund der Tatsache, dass die Sonne nicht statisch am Himmel steht, sondern bedingt durch die Erdrotation einen sogenannten Tagbogen am Firmament beschreibt, reduziert sich die Effizienz eines statischen Solarmoduls. Der Einfallswinkel des Sonnenlichts für einen fest montierten Kollektor ist nur für einen sehr kleinen Zeitraum tatsächlich optimal. Das Problem ist sogar zweidimensional: Nicht nur durch die Erdrotation, sondern auch durch die jahreszeitliche Variation des Tagbogens (im Winter kurz und flach, im Sommer lang und hoch) kann immer nur ein mittleres Optimum gefunden werden.

Zweidimensionale Nachführungen sind mechanisch natürlich aufwendig. Glücklicherweise ist aber der zusätzliche Gewinn einer vertikalen Nachführung im Vergleich zur horizontalen Nachführung recht gering, sodass auf die vertikale Nachführung häufig verzichtet werden kann.

Hier wird deshalb das Prinzip einer einfachen horizontalen Nachführung demonstriert. Grundsätzlich sind zwei Varianten denkbar:

- eine Regelschleife, die über Lichtsensoren gesteuert wird und über eine Elektronik den Stellmotor für die Nachführung steuert

● Einsatz eines »Uhrwerks«, das die Solarzelle in einer Stunde um ca. 15° dreht (mit entsprechender nächtlicher Rückführung)

Schrittmotoren eignen sich besonders für die zweite Methode. Sie werden deshalb genauer betrachtet.

Die Steuerwerte für einen Schrittmotor mit 200 Schritten pro Umdrehung ergeben sich aus den folgenden Berechnungen.

Eine volle Motorumdrehung entspricht 360°. Die Rotationsdauer der Erde beträgt 24 h. damit müssen also 200 Schritte in 24 h durchgeführt werden. Das ergibt: 24 h / 200 Schritte = 24 x 60 min / 200 Schritte = 7,2 min/Schritt.

D. h., der verwendete 200-Schritt-Stepper muss alle 7 Minuten und 12 Sekunden (alle 432 Sekunden) einen Schritt ausführen. Das zugehörige Programm sieht so aus:

Abb. 9.18: Aufbau zur Solarzellennachführung

Sketch: Programm zur Solarzellennachführung (Solar_tracker.ino)

```
// solar tracker

#include <Stepper.h>
#define STEPS 200

Stepper stepper(STEPS, 8, 9, 10, 11);

void setup()
{ stepper.setSpeed(10);
}

void loop()
{ for (int i=1; i<=100; i++)
  {  stepper.step(1);
     for (int i=1; i<=432; i++) delay(1000);
  }
  stepper.step(-100);
}
```

Diese Anwendung ist ein schönes Beispiel dafür, wie mithilfe von Schrittmotoren und Mikrocontrollern auch sehr langsame Bewegungen erzeugt werden können. Wollte man die gleiche Rotationsgeschwindigkeit von 360° / 24 h mit einem normalen Gleichstrommotor erzeugen, wäre ein erheblicher mechanischer Aufwand in Form eines komplexen Zahnradgetriebes erforderlich.

9.10 Servomotoren

Neben Schrittmotoren eignen sich auch sogenannte Servos zur präzisen Steuerung von mechanisch bewegten Systemen. Generell versteht man unter einem Servo oder auch Servomotor einen Getriebemotor meist kleinerer Bauart, der mithilfe eines Steuersignals mit hoher Genauigkeit positioniert werden kann.

Ein Servo besteht deshalb aus einer Elektronikeinheit zur Auswertung des Steuersignals, einem Gleichspannungsmotor und einem positionsbestimmenden Element. Diese Einheiten sind häufig in ein raumoptimiertes Gehäuse integriert. Meist wird mittels eines an der Hauptdrehachse befestigten Potenziometers servointern die aktuelle Position des Motors bestimmt. Im industriellen Bereich erfolgt die Rückmeldung oftmals auch über einen Inkrementalgeber. Die Elektronik vergleicht das Steuersignal des Servos kontinuierlich mit der aktuellen Position des Motors. So entsteht ein aktiver Regelkreis, der hochpräzise Motorpositionierungen erlaubt.

Wegen ihrer einfachen Ansteuerung und hohen Präzision eignen sich Servos hervorragend für viele Aufgaben in der Industrie. Insbesondere in der Produktionstechnik und der Automatisierung kann auf moderne Servoeinheiten nicht mehr verzichtet werden.

Im Hobbybereich haben sich Servos zunächst im Modellbau durchgesetzt. In praktisch allen ferngelenkten Modellen, egal ob zu Lande, im Wasser oder in der Luft, werden die notwendigen Steueraufgaben von Modellbauservos übernommen. Darüber hinaus hat sich die Servotechnologie insbesondere auch in der Robotik etabliert.

9.11 Servoansteuerung

Modellbauservos werden über PWM(Pulsweitenmodulation)-Signale gesteuert. Hierunter versteht man eine elektrische Pulsfolge, bei der die zeitliche Länge eines Einzelpulses die Servoposition steuert.

Die Grundfrequenz des Signals liegt in der Regel bei 50 Hertz. Das entspricht einer Periodendauer von 20 ms. Diese Werte müssen aber meist nicht präzise eingehalten werden. So kann von der Standardpulsdauer von 20 ms recht erheblich abgewichen werden, ohne dass die Funktion des Servos darunter leidet. Teilweise können Servos bereits mit Periodendauern von nur 10 ms problemlos angesteuert werden. Eventuell ist dann aber die Pulsdauer des Signals anzupassen.

Eine wesentlich höhere Präzision ist bei der Pulsweite des Eingangssignals erforderlich. Sie muss im Bereich von 1–2 ms liegen. Bei einer Pulsweite von 1 ms wird der linke, bei 2 ms der rechte Maximalausschlag erreicht. Diese Werte sind allerdings nicht streng standardisiert. Einige Servotypen nutzen bei diesen Werten auch noch nicht ihren vollen Bewegungsspielraum aus, d. h., die Werte, bei denen diese Servos ihre Maximalausschläge erreichen, liegen unter 1 ms oder über 2 ms. Die Mittelstellung eines Servos wird bei einer Pulslänge von 1,5 ms erreicht.

Auch die Drehrichtung eines Modellbauservos ist nicht herstellerunabhängig festgelegt. Die meisten Servos drehen bei kürzer werdenden Pulszeiten nach links, bei längeren Pulszeiten nach rechts. Bei einigen Typen ist die Drehrichtung jedoch genau entgegengesetzt.

Die Abbildung 9.19 zeigt die Spannungspegeldiagramme für Standardservos und die entsprechenden Stellungen des Servoarms.

Servos sollten mit einer vom Arduino Micro getrennten Versorgungsspannung betrieben werden. Dabei ist darauf zu achten, dass die GND-Leitungen des Arduinos und des Servos verbunden werden.

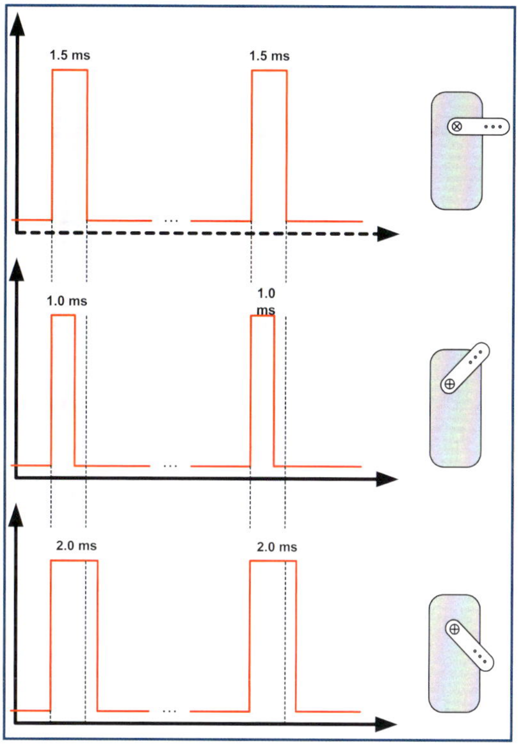

Abb. 9.19: Servosignal und -position

Wird der Servo aus der gleichen Spannungsquelle versorgt wie der Arduino, kann es zu erheblichen Störungen kommen. Dazu gehören heftiges Zittern des Servoarms oder das unerwünschte Anfahren von extremen Servopositionen, bis hin zur elektrischen oder mechanischen Zerstörung des Servos.

Ist der Betrieb aus einer einzigen Spannungsquelle unerlässlich, sollten zumindest geeignete Entstörmaßnahmen getroffen werden. Dazu zählt der Einbau eines Elektrolytkondensators in die Versorgungsspannungszuleitungen des Servos. Dieser sollte mindestens eine Kapazität von 220 µF aufweisen. Die Anschlussleitungen handelsüblicher Servos sind folgendermaßen belegt und farblich codiert:

Anschluss	Farbcodierung
GND	braun oder schwarz
Positive Versorgungsspannung (meist +5 V bis +6 V)	rot
Signal	orange oder weiß (selten auch andere Farbe)

Tab. 9.5: Anschlusscodierung von Modellbauservos

Häufig taucht die Frage auf, wie sogenannte *Digital*servos anzusteuern sind. Prinzipiell werden digitale Servos mit den gleichen Steuersigna-

Wichtige Hinweise zu Modellbauservos:

- Servomotoren niemals zu weit aussteuern! Manche Servos haben nur einen Stellbereich von 90°, d. h. +/- 45° aus der Nullposition. Wird ein Servo über seinen maximalen Stellbereich hinaus angesteuert, kann das interne Getriebe schaden nehmen.
- Insbesondere Micro-Servos haben aus Platzgründen oft keine Abblockkondensatoren eingebaut. Daher sollten immer Abblockkondensatoren mit mehreren hundert, besser über tausend Mikrofarad in die Spannungsversorgungsleitungen eingeschleift werden.

len betrieben wie ihre analogen Vorgänger. Der wesentliche Unterschied zwischen Analog- und Digitalversion besteht darin, dass digitale Servos schneller und genauer arbeiten und die angefahrene Servoposition exakter gehalten wird.

Im Gegensatz zum 20-ms-Signalabstand wird bei Digitalservos alle 0,4 ms ein Steuerimpuls an den Motor gesendet. Eventuelle Fehlpositionierungen werden also wesentlich schneller korrigiert. Die höhere Steuerpulsfrequenz führt zudem zu einer höheren Motorstellkraft und einer verbesserten Servoleistung, die jedoch durch einen entsprechend höheren Energieverbrauch erkauft wird.

9.12 Die Servobibliothek

Die Servobibliothek erlaubt, mehrere Servos an einem einzigen Arduino Micro zu betreiben. Die Library stellt dazu die folgenden Funktionen zur Verfügung:

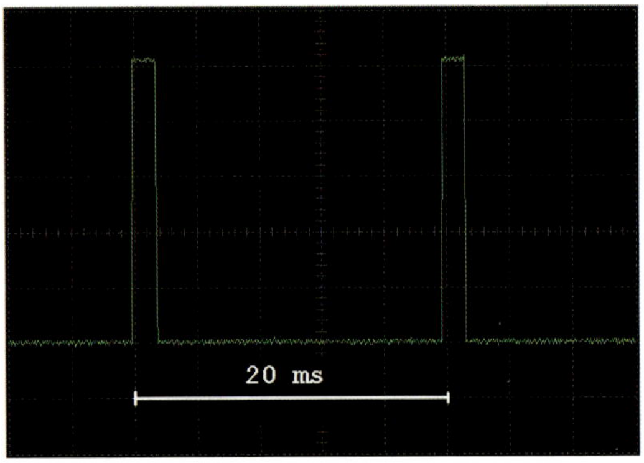

Abb. 9.20: Servosignal auf einem Oszilloskop

Nach dem Einbinden der Bibliothek über

```
#include <Servo.h>
```

kann über

```
Servo myservo;
```

ein Servoobjekt erzeugt werden. Über die Anwendung

```
myservo.attach(PIN);
```

wird der zugehörige *PIN* als Servoausgang deklariert. Mit

```
myservo.write(ServoPos);
```

kann dann eine bestimme Servoposition *ServoPos* angefahren werden. Prinzipiell können die Werte für *ServoPos* zwischen 0 und 180 liegen. Es sollten bei normalen Servos möglichst nur Werte zwischen 45 und 135 verwendet werden.

9.13 Megadisplay mit Servomotor

Als Anwendungsbeispiel wird in diesem Kapitel ein Servo zum Aufbau eines großen Displays herangezogen. Klassische Zeigerinstrumente bestehen aus einem Magneten und einer stromdurchflossenen Spule. Je mehr Strom durch die Spule fließt, desto größer wird das durch die Spule erzeugte Magnetfeld. Bei geeigneter Anordnung einer drehbar gelagerten Spule und mit einem Permanentmagneten lässt sich ein präzises Zeigerinstrument aufbauen.

Allerdings ist die Größe eines solchen Analogmessgeräts durch mechanische Gegebenheiten beschränkt. Große und damit schwere Zeiger lassen sich nur mit erheblichem Aufwand realisieren. Benötigt man ein Instrument, das man auch noch aus größerer Entfernung gut ablesen kann, bietet sich der Einsatz eines Modellbauservos zur Steuerung eines Zeigers an.

Die folgende Abbildung zeigt ein Aufbaubeispiel für das Display. Hier kann man wieder von der kleinen Baugröße des Arduino Micro profitieren und die gesamte Elektronik in eine CD-ROM-Hülle aus Polycarbonat einbauen. Neben dem Arduino, dem Servo und einem Breadboard findet sogar noch ein kleiner 4,8-V-Akku Platz. Damit ist man in der Lage, das Display unabhängig von einem PC zu betreiben.

Erforderliche Bauelemente
1x Arduino Micro
1x Breadboard
1x Modellbauservo
1x Elektrolytkondensator, 100 µF, 16 V
Drahtbrücken

Als praktische Anwendung wird später ein Thermograf vorgestellt, der das Megadisplay als Anzeigeeinheit verwendet.

Abb. 9.21: Aufbau zum servobetriebenen Megadisplay

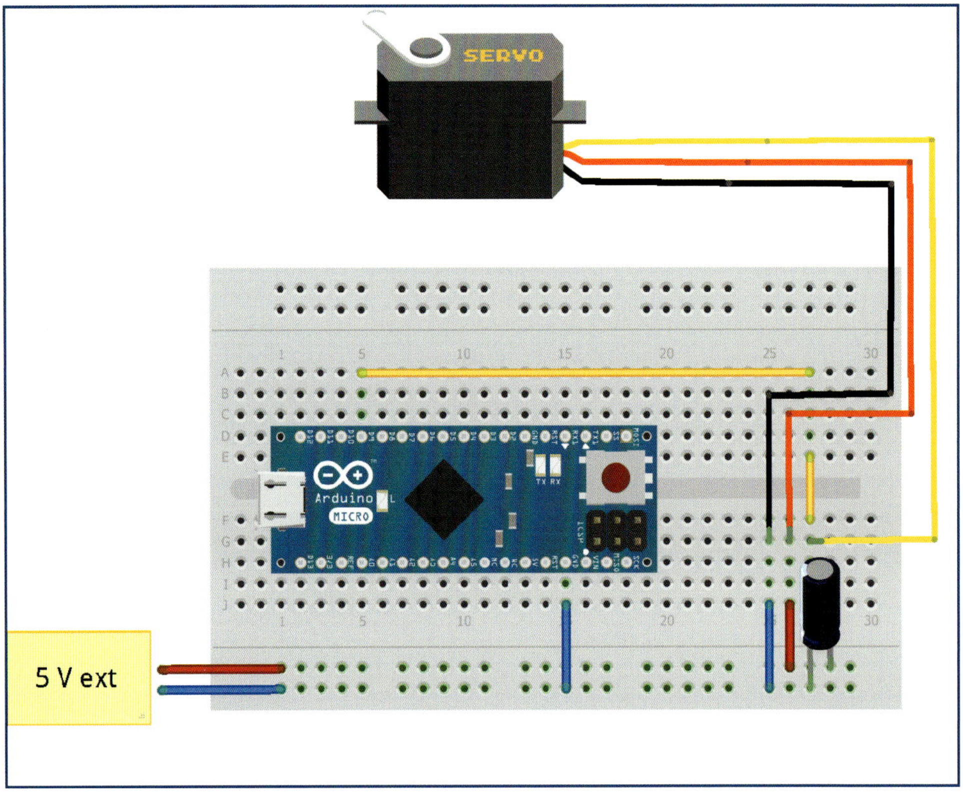

Abb. 9.22: Schaltbild zum servobetriebenen Megadisplay

Sketch: Programm zur Ansteuerung eines Modellbauservos
(Servotest.ino)

```
// servo test

#include <Servo.h>

Servo myservo;    // create servo object to control a servo
int pos = 0;      // variable to store the servo position
int zeroPos = 90; // zeroposition
int maxPos = 45;  // maxposition

void setup()
{ myservo.attach(9);  // the servo on pin 9
}

void loop()
{ myservo.write(zeroPos);
  delay(1000);
    for(pos = zeroPos; pos < zeroPos+maxPos; pos++)
  { myservo.write(pos);
    delay(10);
  }
  delay(1000);
  for(pos = zeroPos + maxPos; pos > zeroPos; pos--)
  { myservo.write(pos);
    delay(10);
  }
  delay(1000);
  for(pos = zeroPos; pos > zeroPos-maxPos; pos--)
  { myservo.write(pos);
    delay(10);
  }
  delay(1000);
  for(pos = zeroPos – maxPos; pos < zeroPos; pos++)
  { myservo.write(pos);
    delay(10);
  }
}
```

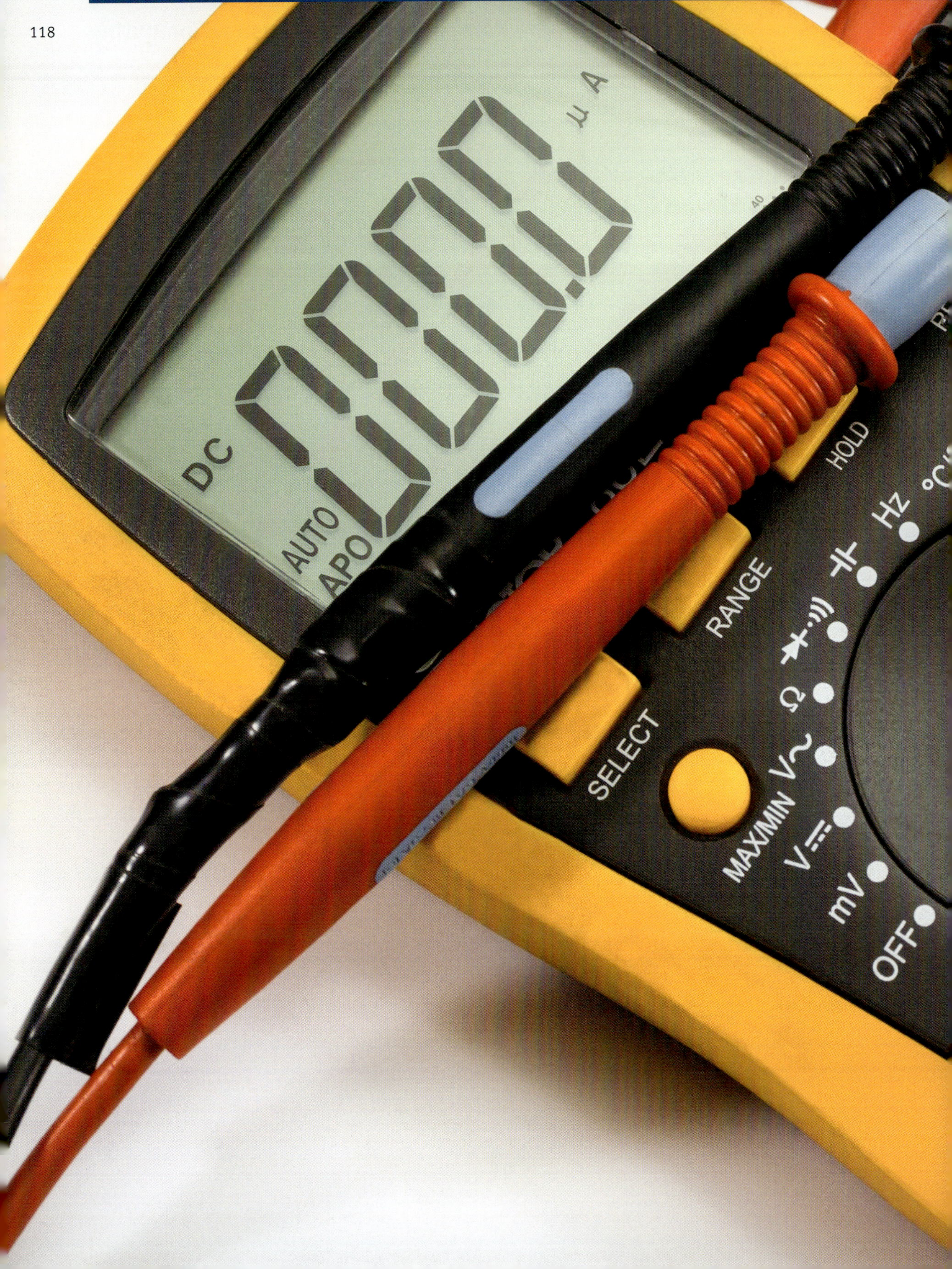
µ A
DC
AUTO
APO
HOLD
RANGE
SELECT
MAX/MIN
Hz
mV
OFF

KAPITEL 10 und 11

MESSEN, STEUERN, REGELN

10 Analog-digital-Konverter und Komparatoren

Die Erfassung von elektronischen Messdaten gehört zu den zentralen Aufgaben eines Mikrocontrollers. Vergleichsweise einfach ist das Einlesen von digitalen Signalen. Obwohl man auch hier beispielsweise das sogenannte *Prellen* (die Mehrfacherfassung eines Schaltvorgangs aufgrund von mechanischen Effekten) beachten muss, kann diese Aufgabe von jedem digitalen I/O-Pin übernommen werden.

Aber auch analoge Spannungswerte können von modernen Mikrocontrollern direkt gemessen werden. Die meisten gängigen Controllertypen haben dazu einen sogenannten AD-Wandler (Analog-zu-digital-Umsetzer, auch ADC für engl. Analog to Digital Converter) integriert.

Zudem sind in den entsprechenden Controllern meist noch sogenannte Analogmultiplexer vorhanden. Damit können dann bis zu 6, 8 oder mehr analoge Kanäle nahezu simultan erfasst werden.

Analog-digital-Umsetzer sind elementare Bestandteile fast aller Geräte der modernen Kommunikations-, Unterhaltungs- und Haushaltselektronik. Digitale Thermometer oder Wetterstationen können auf ADCs ebensowenig verzichten wie Smartphones oder Digitalkameras.

Zudem werden die Wandler in der Messwerterfassung in industriellen Anwendungen, Maschinen und Kraftfahrzeugen immer häufiger eingesetzt.

Die maximale Genauigkeit, mit der ein analoges Eingangssignal digitalisiert werden kann, wird als Auflösung bezeichnet. Die Auflösung eines ADC wird von der Anzahl der zur Verfügung stehenden Digitalbits an seinem Ausgang bestimmt.

Die effektive Präzision ist durch weitere Fehlerquellen des ADC meist geringer als seine Auflösung. So können unter anderem Fehler in der Linearität des Wandlers seine Präzision reduzieren.

Die Wandlungsdauer für einen einzelnen Messwert hängt vom Wandlungsverfahren ab. Neben extrem schnellen Verfahren existieren auch langsame, integrierende Methoden, die sich dafür durch hervorragende Unterdrückung von Störeinkopplungen auszeichnen.

10.1 Erfassung von Analogmesswerten

Die Auflösung, mit der eine analoge Größe gemessen wird, bewegt sich zwischen einem und 24 Bit. Die durch die Wandlung entstehende Abweichung zwischen dem tatsächlichen Messwert und dem digitalen Ausgabewert bezeichnet man als Quantisierungsfehler. Er entsteht u. a. durch unvermeidbare Rundung, Nichtlinearitäten sowie Störeinstreuungen etc.

Je nach Anwendungsfall werden unterschiedliche Anforderungen an einen ADC gestellt. Für die verschiedenen Aufgaben wurden daher unterschiedliche Verfahren entwickelt und implementiert.

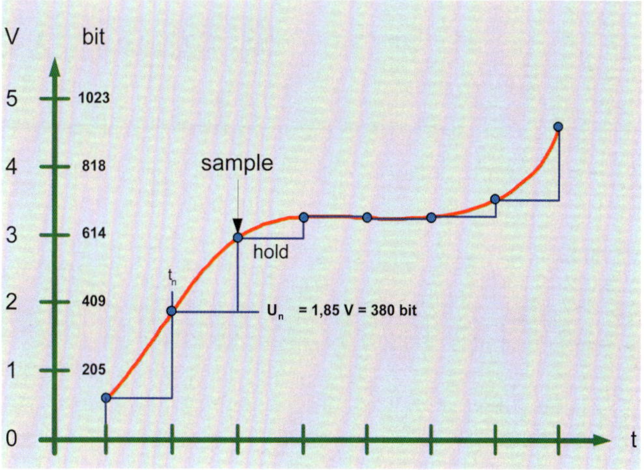

Abb. 10.1: Erfassung analoger Messwerte

10.2 ADC-Wandlerverfahren

Die wichtigsten ADC-Verfahren sind in der folgenden Tabelle zusammengefasst:

Verfahren	Arbeitsweise	Vorteile	Nachteile	Anwendung
Flash- oder Parallel-Wandler	Pro Ausgangswert ein Komparator	Sehr schnell	Teuer, hohe Leistungsaufnahme	Digitaloszilloskope, Forschung und Entwicklung
Sukzessive Approximation	Stufenweise Annäherung, Wägeverfahren	Schnell, genau	Technisch aufwendig	Standardverfahren, interne AD-Wandler von Mikrocontrollern
Single Slope, Dual Slope	Spannungsmessung erfolgt über Zeitmessung von Ladevorgängen	Preisgünstig, gute Linearitäten	Langsam	Multimeter
Delta-Sigma	Komparator und Logikelemente	Preisgünstig	Langsam	Präzisionsmessungen bis zu 24 Bit, Audio

Tab. 10.1: AD-Wandlungsverfahren im Vergleich

Wie die Tabelle zeigt, besitzen alle Verfahren ihre spezifischen Vor- und Nachteile. Die sukzessive Approximation stellt aber einen guten Kompromiss für viele Anwendungen dar. Sie wird daher in Mikrocontrollern und insbesondere auch im ATmega32U4 des Arduino Micro eingesetzt. Die im Arduino verwendeten ADC zeichnen sich durch die folgenden Leistungsmerkmale aus:

Analogeingänge	6 (A0 bis A5)
Auflösung	10 bit
Wandlungszeit	max. 260 µs

Tab. 10.2: Leistungsmerkmale der Arduino-AD-Wandler

10.3 Messung einer Potenziometerposition

Die Funktionsweise der ADCs kann anhand eines einfachen Anwendungsbeispiels verdeutlicht werden. Hierzu werden die von einem Potenziometer erzeugten analogen Spannungswerte vom Arduino erfasst und zum PC übertragen.

Erforderliche Bauelemente
1x Arduino Micro
1x Breadboard
1x Potenziometer 1 kΩ mit Anschlussdrähten oder steckbar
Drahtbrücken

Der Analogeingang ADC0 erfasst die Potenziometerspannung und wandelt sie in einen digitalen Wert um. Anschließend werden die Messwerte an den PC übertragen und am seriellen Monitor dargestellt. Das Programm dazu kann so aussehen:

Sketch: Programm zur Erfassung von Potenziometerpositionen (Potenziometer.ino)

```
// ADC

int ADC0=0;
int value;

void setup()
{ Serial.begin(9600);
}

void loop()
{ value=analogRead(ADC0);
  Serial.print("ADC0 = ");
  Serial.println(value);
  delay(300);
}
```

Die zugehörige Schaltung ist in der folgenden Abbildung zu sehen. Das Potenziometer sollte einen Bahnwiderstand von ca. 10 kΩ besitzen.

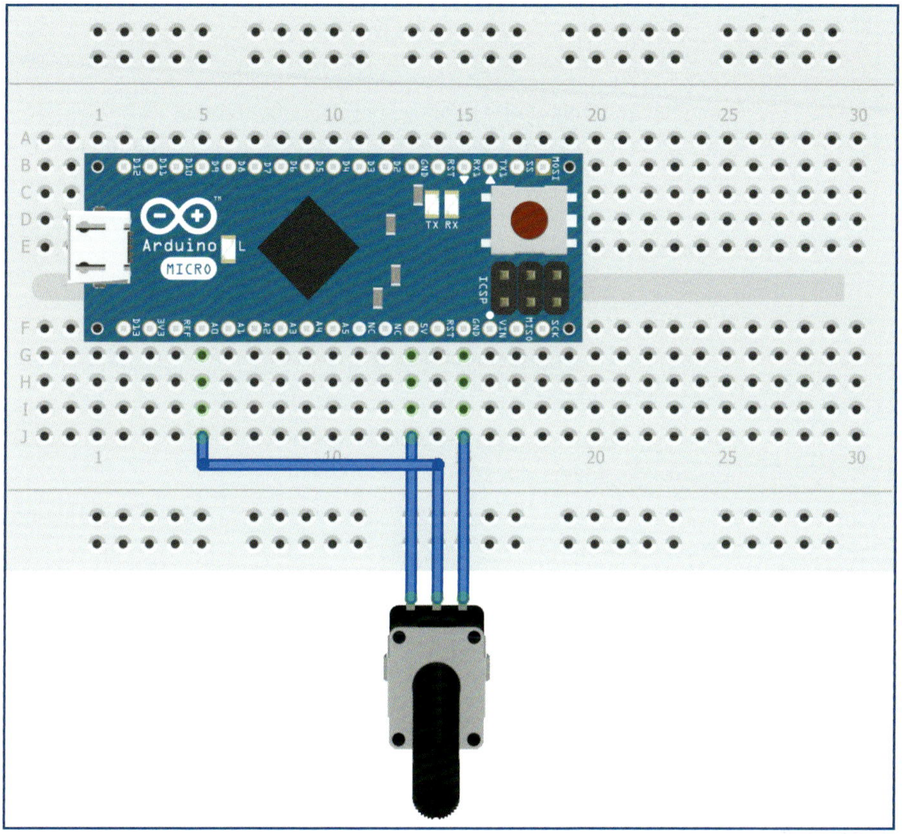

Abb. 10.2: Aufbau zur Erfassung einer Potenziometerposition

Nach dem Laden des Programms ist nur noch der serielle Monitor zu starten und die Messwerte werden angezeigt.

Da direkt der ADC-Wert ausgegeben wird, liegen die angezeigten Zahlenwerte im Bereich von 0 bis 2^{10}-1 = 1.023.

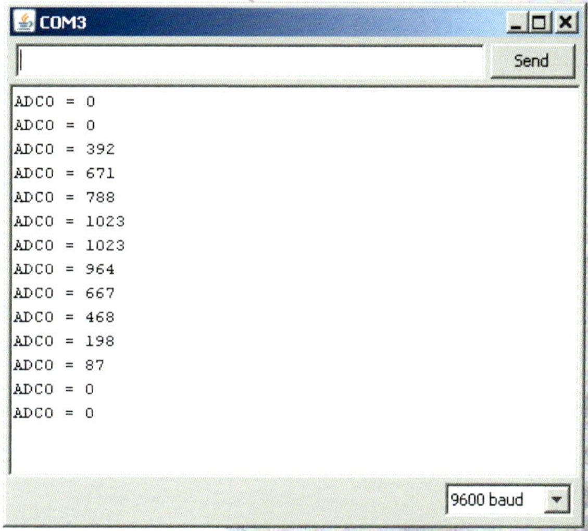

Abb. 10.3: Darstellung der Messwerte im seriellen Monitor

10.4 Temperaturmessung

Zu den wichtigsten Sensoren im Bereich des Physical Computings zählen Temperaturfühler. Sie sind in allen Bereichen der Technik zu finden und überwachen Temperaturen im Automotor und in Großrechnern genauso wie in Prozesssteuerungen der chemischen Industrie.

Reine Halbleitermaterialien zeigen meist heißleitendes Verhalten. Bauteile, bei denen speziell das temperaturabhängige Verhalten ausgenutzt wird, sind üblicherweise mit Bindemitteln versetzte, gepresste und gesinterte Metalloxide. Der Widerstand lässt sich durch das Mischverhältnis verschiedener Materialien in einem weiten Bereich einstellen.

Bereits in Kapitel 9.3 wurde ein Ventilator über einen temperaturabhängigen Widerstand geschaltet. Auch hier soll wieder ein NTC(Negative Temperature Coefficient)-Temperatursensor mit einem Widerstandswert von 4,7 kΩ bei 25 °C zum Einsatz kommen. Die folgende Abbildung zeigt die zugehörige Kennlinie. Man beachte die logarithmische Darstellung der y-Achse für die Widerstandswerte!

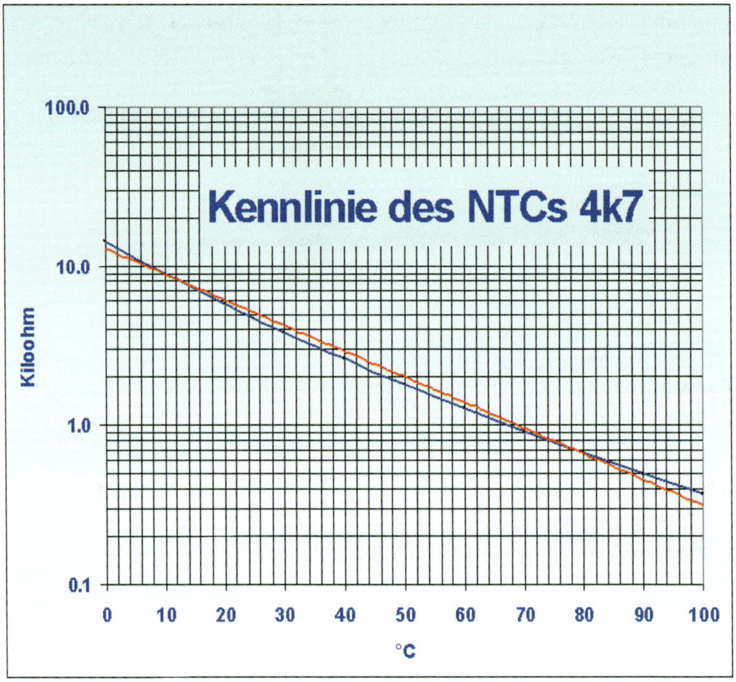

Abb. 10.4: Kennlinie des NTC in logarithmischer Darstellung

Erforderliche Bauelemente

1x Arduino Micro
1x Breadboard
1x Widerstand 4,7 kΩ
1x NTC-Temperatursensor 4k7
Drahtbrücken

Die Anwendung soll die zeitaufgelöste Messung von Temperaturen ermöglichen. Typische Anwendungen dafür sind die Temperaturüberwachung von Leistungstransistoren, Mikroprozessoren oder ganzen klimatisierten Computerräumen.

Die Erfassung der Sensormesswerte erfolgt über den Analogeingang ADC0. Anschließend werden die Messwerte an den PC übertragen und am seriellen Monitor dargestellt.

Die Umrechnung des ADC-Werts in eine Temperatur erfolgt über zwei Konstanten: cal = 6,8 und offset = 296.

Die Werte ergeben sich aus dem Offset sowie aus der Steilheit der Kennlinie des NTC. Falls die Temperatur nicht korrekt angezeigt wird, können die beiden Konstanten an das verwendete Sensorexemplar angepasst werden.

Prinzipiell ist die Kalibrationsfunktion eines NTC nicht linear. Für einen Temperaturbereich von ca. 0 °C bis etwa 50 °C könnten die Abweichungen zwar vernachlässigt werden, für größere Temperaturbereiche sollte aber eine entsprechende Übertragungsfunktion verwendet werden.

Aus der vorhergehenden Abbildung kann man eine Ausgleichsfunktion mit den Werten

$$R/k\Omega = 12{,}975 \times e\hat{}(-0{,}0372 \times T/°C)$$

herauslesen. Daraus ergibt sich eine Übertragungsfunktion von

$$T/°C = -1 / 0{,}0372 \times \log (4{,}7 / 12{,}975 \times (1.023 / \text{ADC-Wert} - 1{,}0))$$

Diese Gleichung stellt für den Arduino natürlich keine Herausforderung dar. Sie kann direkt in den Sketch übernommen werden.

Sketch: Programm zur Temperaturmessung (Thermometer_log.ino)

```
// Temperature measurement
// using P5V to 4k7 NTC temperature sensor @ ADC1, 4k7 to GND

int ADC_value;
float temperatureC;    // temperature in °C

void setup()
{
  pinMode(13, OUTPUT);
  Serial.begin(9600);
}
```

```
void loop()
{  ADC_value=analogRead(1);

   temperatureC = -1/0.0372*log(4.7/12.975*(1023.0/ADC_
value-1.0));

   Serial.print("Temp = "); Serial.print(temperatureC,1);
   Serial.println("     ");
   delay(1000);
}
```

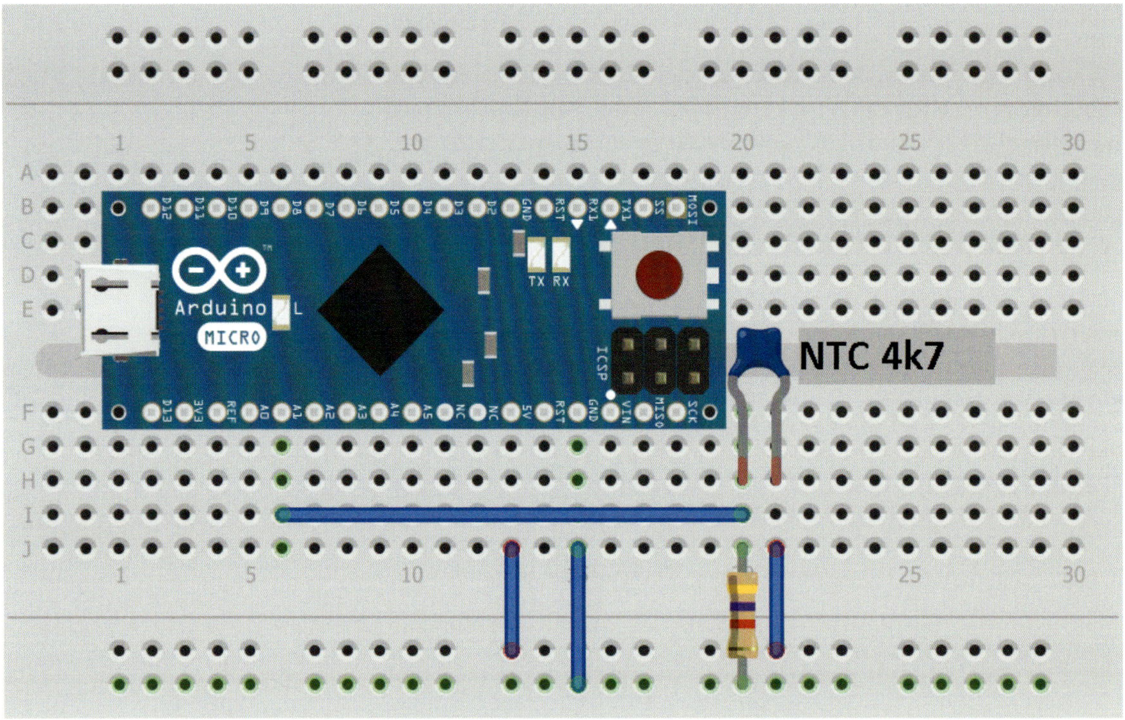

Abb. 10.5: Aufbau zum Thermometer

10.5 Maussteuerung via analogem Joystickmodul

Der Arduino Micro kann Signale und Messwerte direkt via USB an einen Rechner übertragen. Nimmt man zusätzlich ein Joystickmodul zu Hilfe, kann man darüber sehr einfach den Mauszeiger des Computers steuern. Letztendlich kann man so eine komplette grafische Oberfläche über einen selbst gebauten USB-Joystick steuern.

Ein analoges Joystickmodul besteht lediglich aus zwei über eine entsprechende Mechanik angesteuerten Potenziometern (sie sind in der Abbildung 10.6 links und über der Mechanikeinheit gut zu erkennen). Wird der Steuerhebel des Moduls in der x-Achse bewegt, wird das zugehörige x-Potenziometer verstellt. Entsprechend führt eine Bewegung des Hebels in der y-Achse zu einer Änderung am y-Potenziometer.

Abb. 10.6: Joystickmodul

Solche Joystickeinheiten sind an vielen Maschinen zu finden. Präzise Positionierungen von Bohr- oder Fräsköpfen können damit problemlos durchgeführt werden.

Modellbauexperten ist die Einheit von den Sendern ihrer Fernsteueranlagen bestens vertraut. Die dort eingesetzten Kreuzknüppel arbeiten nach dem gleichen Prinzip.

Erforderliche Bauelemente

1x Arduino Micro
1x Breadboard
1x Joystickmodul mit Anschlussdrähten
Drahtbrücken

Die Potenziometer des Joystickmoduls werden zwischen Masse und Pin 5V geschaltet. Der Schleifer liefert dann eine zur Hebelposition proportionale Spannung.

Der Sketch zur Maussteuerung sieht dann folgendermaßen aus:

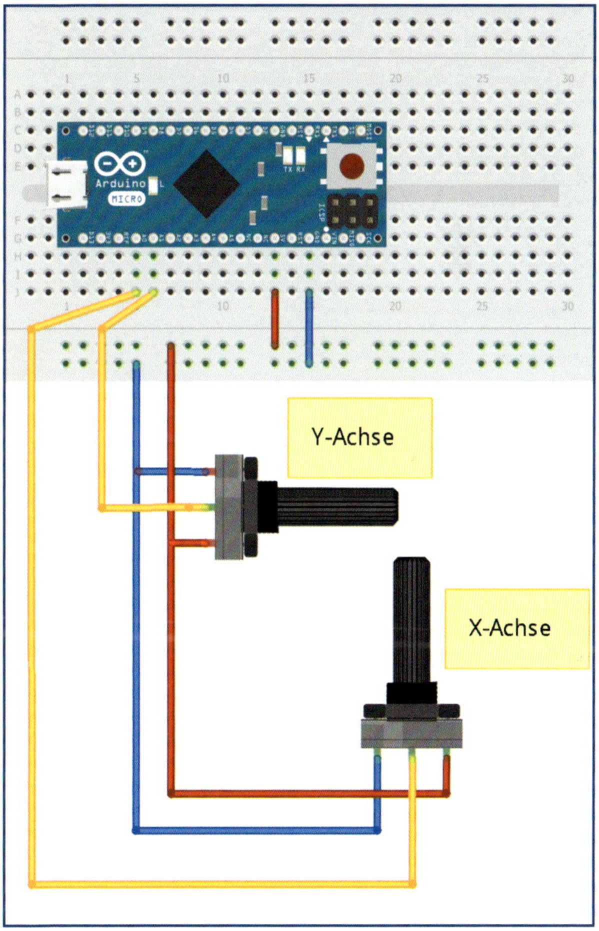

Abb. 10.7: Aufbaubild zur Joysticksteuerung

Sketch: Maussteuerung via Joystick-Modul (Joystick_controlled_Mouse.ino)

```
// mouse control via joystick

const int mouseButton = 6;  // controls activity status

int range = 5;                      // output range of X or Y
```

```
movement
int responseDelay = 100;                // response delay of the
mouse, in ms
int joystickValueX, joystickValueY;     // variable joystick readout
int x, y;                               // mouse steps

void setup()
{ pinMode(mouseButton, INPUT);
  Mouse.begin();
}

void loop()
{  while (digitalRead(mouseButton))
   {  joystickValueX = analogRead(0);
      joystickValueY = analogRead(1);
      x = map(joystickValueX, 0, 1023, -30, 30);
      y = map(joystickValueY, 0, 1023, -30, 30);

      // remove drift
      if (x < 5 && x > -5) { x = 0; }
      if (y < 5 && y > -5) { y = 0; }

      Mouse.move(x, y, 0);
      delay(responseDelay);

   }
}
```

Mit der Variablen *mouseButton* wird wieder dafür gesorgt, dass die Steuerung jederzeit abgeschaltet werden kann. Sollte sich die Maus nicht über den Joystick bewegen lassen, ist es immer eine gute Idee, zu prüfen, ob Pin D06 hardwaremäßig auf P5V gelegt wurde.

Im Hauptprogramm wird über die Zeilen

```
   joystickValueX = analogRead(0);
   joystickValueY = analogRead(1);
```

die jeweils aktuelle Position des Joystickhebels abgefragt. Die Werte werden über die Map-Funktion auf den gewünschten Wertebereich reduziert:

```
x = map(joystickValueX, 0, 1023, -30, 30);
y = map(joystickValueY, 0, 1023, -30, 30);
```

Da jede Mechanik ein gewisses Spiel aufweist, ist die Ausgangsspannung des Positionspotenziometers auch in der Mittenposition des Hebels niemals genau 5,0 V / 2 = 2,500 V. Es ist daher häufig zu beobachten, dass der Mauszeiger, auch wenn der Joystickhebel gar nicht berührt wird, langsam über den Bildschirm wandert. Mit den Programmzeilen

```
if (x < 5 && x > -5) { x = 0; }
if (y < 5 && y > -5) { y = 0; }
```

wird das verhindert, indem alle Messwerte im Bereich zwischen -5 und +5 auf exakt Null gesetzt werden. Damit bleibt der Mauszeiger in der Neutralstellung des Joysticks völlig bewegungslos.

10.6 Elektronische Wasserwaage

Beschleunigungssensoren, häufig auch als Accelerometer bezeichnet, haben in weiten Bereichen der modernen Technik Anwendung gefunden. Seit diese Art von Sensoren kostengünstig hergestellt werden kann, ist ihr Siegeszug nicht mehr aufzuhalten.

Zu den ersten Anwendungsgebieten dieser Technologie zählen die Auslösemechanismen für Airbags in Kraftfahrzeugen. Elektronische Wasserwaagen, Digitalkameras und Smartphones, die ihre Ausrichtung im Schwerefeld der Erde automatisch erkennen und ihre integrierten Bildschirme automatisch ausrichten, haben für eine weitere unaufhaltsame Verbreitung dieser kleinen Wunderwerke der Technik gesorgt.

Bei Digitalkameras gehört ein digitaler Bildstabilisator inzwischen zur Standardausrüstung. Auch hier ist ein Accelerometer im Einsatz. Minimalste Bewegungen werden detektiert und dazu benutzt, um verwacklungsbedingte Unschärfen aus den Fotos herauszurechnen.

Es gibt verschiedene Möglichkeiten, Beschleunigungen zu messen. Beschleunigungssensoren wurden aber erst durch den Einsatz der MEMS(Micro-Electro-Mechanical-Systems)-Technologie tatsächlich praktikabel.

Im Spezialfall der Beschleunigungssensoren wird mit dieser Technik ein mikroskopisch kleiner Trägerstab hergestellt, der frei schwingend auf-

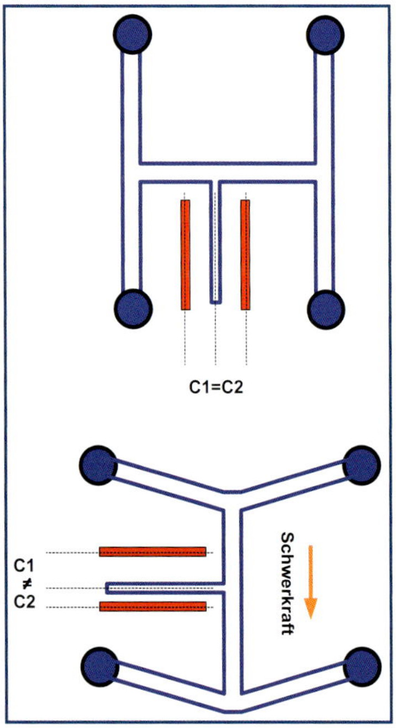

Abb. 10.8: Funktionsprinzip eines MEMS-Tilt- und Neigungssensors

Abb. 10.9: Beschleunigungssensor auf einem Break-Out-Board

gehängt wird. An diesem Träger befindet sich ein mikroskopisch kleines Plättchen, das sich zwischen zwei Kondensatorplatten nahezu reibungslos bewegen kann. Dadurch entstehen zwei sehr kleine Kondensatoren (C1 und C2 in Abb. 10.8). In horizontaler Ruhelage befindet sich das Plättchen in der Mitte zwischen den beiden festen Kondensatorplatten.

Wird der Aufbau beschleunigt oder im Schwerefeld der Erde gedreht, kommt es zu einer Auslenkung des Trägerstabs und damit zu einer Verschiebung des Plättchens. Die beiden Teilkondensatoren C1 und C2 verändern damit ihre Kapazität. Diese Kapazitätsänderung wird mithilfe eines elektronischen Wandlers gemessen.

Beschleunigungsmesser enthalten neben der MEMS-Einheit meist auch bereits die gesamte Messelektronik, zusammengefasst in einem einzigen IC-Gehäuse. An einem Pin des IC wird eine Spannung zur Verfügung gestellt, deren Größe proportional zur gemessenen Beschleunigung oder zur relativen Lage im Erdschwerefeld ist.

Beschleunigungssensoren werden auch häufig im Zusammenhang mit Mikrocontrollern eingesetzt. Hier dienen sie dann oft zum Steuern von Servo- oder Schrittmotoren. Für den einfachen Einsatz der Sensoren werden dazu sogenannte Break-Out-Boards (siehe Kapitel 18 Bezugsquellen) angeboten, auf denen der Sensor fertig montiert ist. Über passende Steckverbindungen kann der Sensor dann mit einem Analogeingang des Controllers verbunden werden.

Eine wichtige und interessante Anwendung des Accelerometers ist die elektronische Wasserwaage. Da der Sensor natürlich auch auf die Erdbeschleunigung reagiert, ändert sich die Anzeige je nach der Lage des Sensors relativ zur Horizontallinie. Bereits geringste Verkippungen von wenigen Winkelgraden werden so präzise angezeigt. Ein wichtiger Vorteil gegenüber den konventionellen Wasserwaagen mit einer Luftblase in einer Flüssigkeit ist natürlich die einfache Ablesbarkeit insbesondere auch aus größerer Entfernung.

Darüber hinaus kann man mit einer elektronischen Wasserwaage zwei Achsen simultan erfassen: sowohl Neigungen nach links oder rechts als auch nach vorn oder hinten. So kann mit einer einzigen Messung sichergestellt werden, dass etwa ein Regalbrett in allen Richtungen horizontal ausgerichtet ist.

Erforderliche Bauelemente

1x Arduino Micro
1x Breadboard
1x HD44780-kompatibles Display
1x Beschleunigungssensormodul
1x Widerstand 1 kΩ
1x Widerstand 150 Ω (für Backlight)
Drahtbrücken

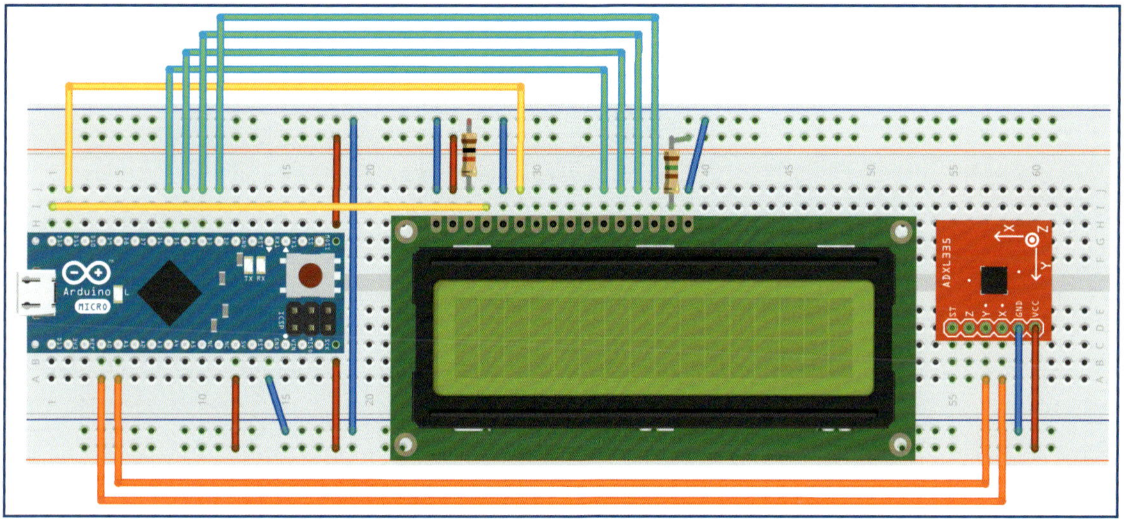

Abb. 10.10: Schaltung der elektronischen Wasserwaage

Sketch: Elektronische Wasserwaage (Tilt_Pan.ino)

```
// tilt and pan

#include <LiquidCrystal.h>
#define xAcc_ADC_channel 0     // Analog channel for x-axes of
accelerometer
#define yAcc_ADC_channel 1     // Analog channel for y-axes of
accelerometer

int x_offset = 478;   // offset for x-axes
int y_offset = 478;   // offset for x-axes
float cal=0.881;  // calibration factor

LiquidCrystal lcd(12, 11, 5, 4, 3, 2);

void setup()
```

```
{ lcd.begin(16, 2);
}

void loop()
{ int ADC_xAcc = analogRead(xAcc_ADC_channel); // get x-analog
readout
  int ADC_yAcc = analogRead(yAcc_ADC_channel); // get y- analog
readout
  float xdegrees = (ADC_xAcc-x_offset)*cal;     // calculate x-tilt
  float ydegrees = (ADC_yAcc-y_offset)*cal;     // calculate y-tilt

  lcd.setCursor(0, 0);  lcd.print("x: ");
  lcd.setCursor(10, 0);  lcd.print("deg");
  lcd.setCursor(0, 1);  lcd.print("y: ");
  lcd.setCursor(10, 1);  lcd.print("deg");

  lcd.setCursor(5, 0);  lcd.print("    ");
  lcd.setCursor(5, 0);  lcd.print(xdegrees,0);

  lcd.setCursor(5, 1);  lcd.print("    ");
  lcd.setCursor(5, 1);  lcd.print(ydegrees,0);

  delay(300);


}
```

Abb. 10.11: Beschleunigungssensor horizontal ausgerichtet

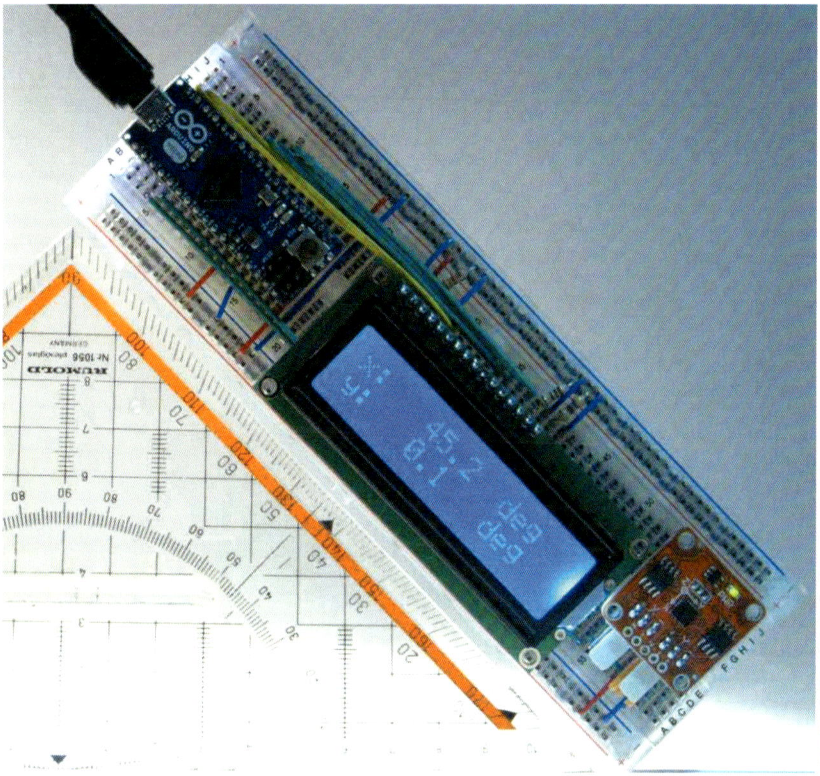

Abb. 10.12: Winkelmessung mit der elektronischen Wasserwaage

11 Hightech-Applikationen für den Arduino Micro

Nachdem in den vorausgehenden Kapiteln einfachere Schaltungen und Geräte realisiert wurden, werden in diesem komplexere und vor allem anwendungsorientierte Projekte vorgestellt. Unter anderem wird gezeigt, wie man mit vergleichsweise einfachen Mitteln einen professionellen Entfernungsmesser mit integriertem Lasertargetanzeiger bauen kann.

Derartige Geräte sind auch in Fachgeschäften und Baumärkten erhältlich. Der Vorteil eines Eigenbaus liegt aber darin, dass man sein eigenes Gerät ganz individuell gestalten kann. In diesem Sinn sind die nachfolgenden Aufbauanleitungen nur als Vorschläge zu betrachten. So kann der Datenlogger beispielsweise mit dem Thermografen kombiniert werden. Man hat dann eine direkte Temperaturanzeige mit zusätzlicher Datenlogger-Funktion.

Der Ultraschall-Entfernungsmesser kann über eine USB-Schnittstelle Messwerte zu einem Rechner senden. Dann lassen sich beispielsweise auch Pegelstände in einem Flüssigkeitsbehälter kontinuierlich überwachen. Dabei sind der Fantasie keine Grenzen gesetzt. So ist es etwa auch denkbar, Schneehöhen über Ultraschall zu erfassen und die Daten automatisch an ein Messnetzwerk zu übertragen.

Die Messdaten des Thermo-Datenloggers können z. B. dazu genutzt werden, die Einstellung der hauseigenen Heizungsanlage zu optimieren. Verfügen die Fenster des Hauses über elektrisch betriebene Rollläden, können diese bei Sonneneinstrahlung in Abhängigkeit von der Zimmertemperatur gesteuert werden. All das sind natürlich nur einige Anwendungsbeispiele für das weite und stetig wachsende Gebiet des Physical Computing.

11.1 Entfernungsmesser mit Lasertargetindikator

Wenn es um die präzise Messung von Entfernungen im Bereich von wenigen Zentimetern bis hin zu einigen Metern geht, ist Ultraschall die erste Wahl. Die Ausbreitungsgeschwindigkeit von Ultraschallsignalen in der Luft beträgt bei einer Temperatur von 20 °C etwa 343 m/s. Für eine Distanz von 1 m ergibt sich also eine Laufzeit von 3 ms. Diese Zeitspanne kann mit einem Arduino mit hoher Präzision gemessen werden. So können über Laufzeitmessungen Entfernungen sehr genau erfasst werden.

Erforderliche Bauelemente

1x Arduino Micro
1x Breadboard
1x Ultraschallmodul US-020 o. Ä.
1x 5-V-Laserpointer-Modul
Drahtbrücken

Für die Erzeugung und den Empfang von Ultraschallwellen steht eine große Auswahl von Komponenten zur Verfügung. Weite Verbreitung haben Ultraschallkapseln mit einer Frequenz von 40 kHz gefunden. Sie werden in vielen Bereichen wie etwa in Ultraschallfernbedienungen oder Parkassistenzsystemen für Kraftfahrzeuge eingesetzt. Sie sind aufgrund der hohen Fertigungsstückzahlen preiswert erhältlich. Prinzipiell wäre es natürlich möglich, Sender und Empfänger mit Einzelkomponenten aufzubauen. Noch einfacher ist allerdings der Einsatz fertiger Module. Sie sind zu geringen Preisen bei vielen Elektronikversandhändlern verfügbar. Ein weitverbreitetes Modul ist das US-020. Dieses Modul enthält einen Sender, einen Empfänger und die erforderliche Auswerteelektronik. Ein weitgehend kompatibles Modul ist auch unter der Bezeichnung HC-SR04 verfügbar.

Abb. 11.1: Ultraschallmodul US-020

Die technischen Daten des Moduls:

Betriebsspannung	5 V
Stromaufnahme	ca. 5 mA
Reichweite	2 cm bis ca. 5 cm
Messgenauigkeit	0,3 cm + 1%
Ultraschallabstrahlwinkel	15°
Ultraschallfrequenz	40 kHz

Tab. 11.1: Technische Daten des Ultraschallmoduls US-020

Das Modul verfügt über vier Anschlüsse:

GND	Ground
Vcc	5 V
Trig	Triggereingang: Auslösung eines Ultraschall-Impulszuges
Echo	Ausgabe des empfangenen Schallsignals

Tab. 11.2: Anschlüsse des Ultraschallmoduls US-020

Die Arduino-Bibliothek *Ultrasonic* kann unter *http://blog.iteadstudio.com/arduino-library-for-ultrasonic-ranging-module-hc-sr04/* kostenlos aus dem Internet geladen werden. Falls die Bibliothek hier nicht mehr zur Verfügung stehen sollte, kann man mittels einer Suchmaschine und dem Suchtext *Arduino_Library_For_Ultrasonic_Ranging_Module_HC_SR04.zip* problemlos andere Downloadquellen für die Library finden.

Mithilfe dieser Bibliothek kann das Modul mit wenigen Programmzeilen angesteuert werden.

In einigen Programmversionen sind in den Dateien *Ultrasonic.h* und *ultrasonic.ccp* noch die alten *h*-Files *WProgram.h* referenziert. Sie müssen durch *arduino.h* ersetzt werden.

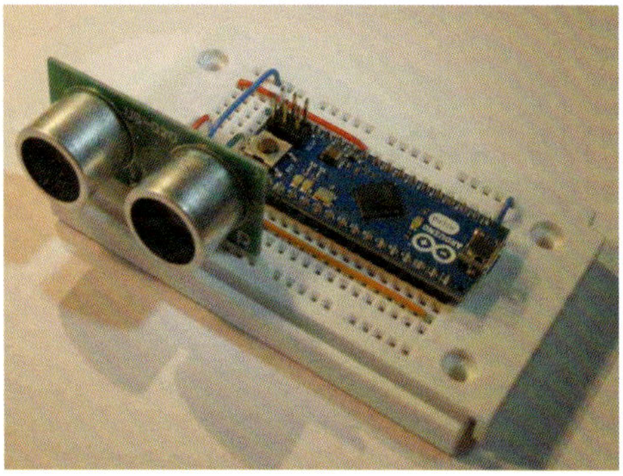

Abb. 11.2: Arduino Micro mit Ultraschallmodul

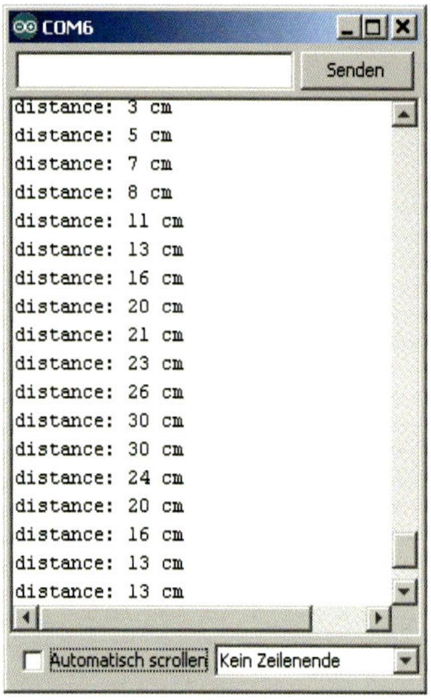

Abb. 11.3: Ausgabe von Entfernungen auf dem seriellen Monitor

Sketch: Programm zur Ansteuerung des Ultraschallmoduls (UltrasonicTest.ino)

```
// ultrasonic test

#include "Ultrasonic.h"
Ultrasonic ultrasonic(12,13); // 12: trig, 13: echo

void setup()
{ Serial.begin (9600);
  Serial.print("testing...");
}

void loop()
{ Serial.print("distance: ");
  Serial.print(ultrasonic.Ranging(CM));
  Serial.println(" cm");
  delay(1000);
}
```

Die Anbindung des Moduls an den Arduino Micro ist ebenfalls einfach. Es sind lediglich vier Verbindungen erforderlich:

US-020	Arduino Micro
GND	Ground
Vcc	5 V
Trig	D12
Echo	D13

Tab. 11.3: Verbindungen zwischen Arduino Micro und US-020-Modul

Damit können die Entfernungsdaten auf den seriellen Monitor ausgegeben werden.

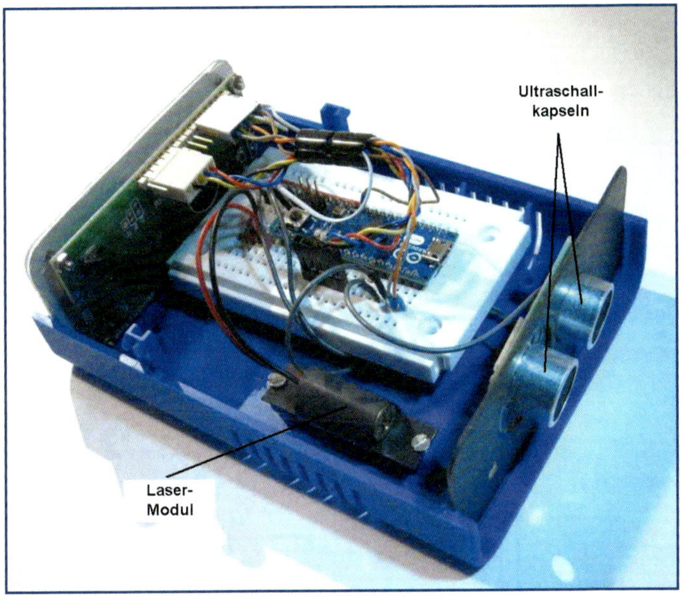

Abb. 11.4: Aufbauvorschlag zum Ultraschall-Entfernungsmesser

Abb. 11.5: Entfernungsmessung mit Laser-Target

11.2 Excel-Datenlogger für Umweltmessdaten

Da man direkt in eine Excel-Tabelle schreiben kann, können Umweltmessdaten mit dem Arduino Micro besonders einfach erfasst werden. Der bei den älteren Arduino-Modellen wie dem Duemilanove oder dem UNO erforderliche Umweg über die Ausgabe in den seriellen Monitor kann hier entfallen.

Die Daten können direkt in ein Excel-Arbeitsblatt eingetragen werden. Mit entsprechender Formatierung ist es sogar möglich, den Verlauf einer Messung direkt grafisch zu erfassen. Damit ergeben sich völlig neue Möglichkeiten im Bereich der Erfassung und Überwachung von Umweltmessdaten.

Interessante Anwendungen finden sich hier im Bereich der Energieeinsparung im Haushalt. So können mit präzisen Temperaturprotokollen erhebliche Heizkosteneinsparungen erzielt werden, ohne dass man auf den gewohnten Komfort verzichten muss. Viele moderne Heizungsanlagen gestatten beispielsweise, die Raumtemperatur zeitabhängig zu steuern. Allerdings sind dabei viele Parameter zu berücksichtigen. Ein Datenlogger ermöglicht dann, die eingestellten Temperaturkurven rund um die Uhr zu überwachen, ohne dass man z. B. um 3:00 Uhr nachts aufstehen müsste, um die aktuelle Temperatur zu messen.

In Kellerräumen oder in Speicherabteilen unter dem Dach ist neben der Temperatur häufig auch die Luftfeuchtigkeit ein wichtiger und interessanter Parameter. Auch dieser Wert kann mit dem Arduino Micro und einem geeigneten Sensor leicht überwacht werden.

Das folgende Kapitel zeigt am Beispiel eines Temperaturloggers, wie wichtige Umweltdaten mithilfe der modernen Mikrocontrollertechnik und einer Tabellenkalkulation einfach und sicher kontinuierlich überwacht werden können.

11.3 Datenlogger für Temperaturwerte

Die Hardware für einen Temperaturlogger ist bereits bekannt und kann aus Abb. 10.5 übernommen werden. Der zugehörige Sketch kann so aussehen:

Sketch: Programm zur Erfassung von Temperaturwerten in Excel (Temperature_data_logger_to_EXCEL.ino)

```
// temperatue logger
// logarithmic transfer function for NTC 4k7
// values sent to excel

const int buttonPin = 2;          // input pin to activate

int ADC_value;
float temperatureC;    // temperature in degrees C

void setup()
{ pinMode(buttonPin, INPUT);
  Keyboard.begin();
}

void loop()
{ while(digitalRead(buttonPin))
  { ADC_value=analogRead(0);
    temperatureC = -1/0.0372*log(4.7/12.975*(1023.0/ADC_value-1.0));

    if (temperatureC >= 0) Keyboard.println(temperatureC,1);
    else { Keyboard.print("/"); Keyboard.
println(abs(temperatureC),1);}
```

```
    delay(1000);
  }
}
```

Um über einen weiten Bereich genaue Werte zu erhalten, wird wieder die logarithmische Übertragungsfunktion zur Kompensation der exponentiellen NTC-Kennlinie verwendet:

```
  temperatureC = -1/0.0372*log(4.7/12.975*(1023.0/ADC_
value-1.0));
```

Nachdem der Arduino Micro über die Anweisung

```
    Keyboard.begin();
```

als USB-Keyboard konfiguriert wurde, können die Werte mit

```
  Keyboard.println(temperatureC,1);
```

wie Tastatureingaben an Excel gesendet werden.

Da auch negative Temperaturwerte auftreten können, muss wieder für eine korrekte Darstellung der Zahlen kleiner als Null gesorgt werden:

```
  { Keyboard.print("/"); Keyboard.println(abs(temperatureC),1);}
```

Negative Temperaturen werden also als absolute Werte mit einem vorangestellten / übertragen. Bei einem deutschen Tastaturlayout wir der Slash dann korrekt als Minuszeichen interpretiert.

Die folgende Abbildung zeigt den über einem Heizkörper gemessenen Temperaturverlauf. Die Excel-Daten wurden hier in eine korrekt formatierte Grafik mit Uhrzeiten und Temperaturen in Grad Celsius eingefügt.

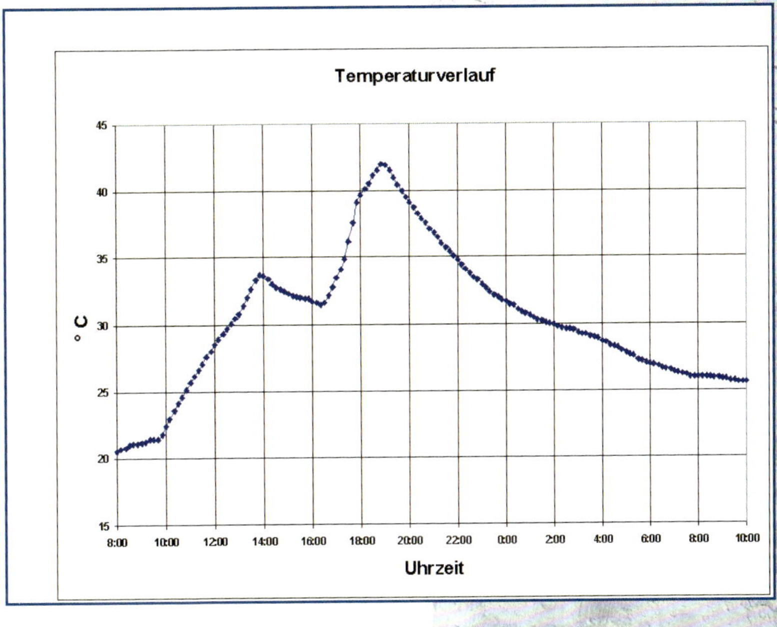

Abb. 11.6: Temperaturverlauf über einem Heizkörper

11.4 Thermograf mit Megadisplay

Der klassische Weg zur Darstellung von Messwerten ist ein numerisches Display. Die verschiedenen Arten wie LCD-Anzeigen oder 7-Segment-LED-Ziffern wurden bereits in anderen Projekten vorgestellt. In diesem Kapitel wird nun eine weitere Möglichkeit zur Anzeige von Messwerten verwendet.

Abb. 11.7: Megadisplay-Thermograf

Erforderliche Bauelemente

1x Arduino Micro
1x Breadboard
1x Modellbauservo
1x Elektrolytkondensator, 100 µF, 16 V
1x Widerstand 4,7 kΩ
1x NTC-Temperatursensor 4k7
Drahtbrücken

Dabei wird auf das Megadisplay aus dem Abschnitt 9.13 zurückgegriffen. Der besondere Vorteil des Displays liegt darin, dass es auch noch aus größerer Entfernung gut ablesbar ist. Außerdem haben analoge Anzeigen einen besonderen Reiz, wenn sie in Wohnräumen eingesetzt werden. Digitale Displays erzeugen immer eine gewisse technische Atmosphäre, die in einem Wohnzimmer nicht immer erwünscht ist. Ein analoges Zeigerinstrument kann dagegen, je nach Design, durchaus auch in eine gemütlichere Umgebung integriert werden.

Einen Aufbauvorschlag zu einem solchen Zeigerinstrument zeigt die folgende Abbildung. Die Basis wird hier von einer alten CD-Klarsichthülle gebildet. Der Servo wurde entsprechend eingefügt und mit einem schwarzen Zeiger versehen.

Die einzelnen Elemente der Schaltung sind bereits aus den Abschnitten zur Servoansteuerung bzw. zur Temperaturmessung bekannt.

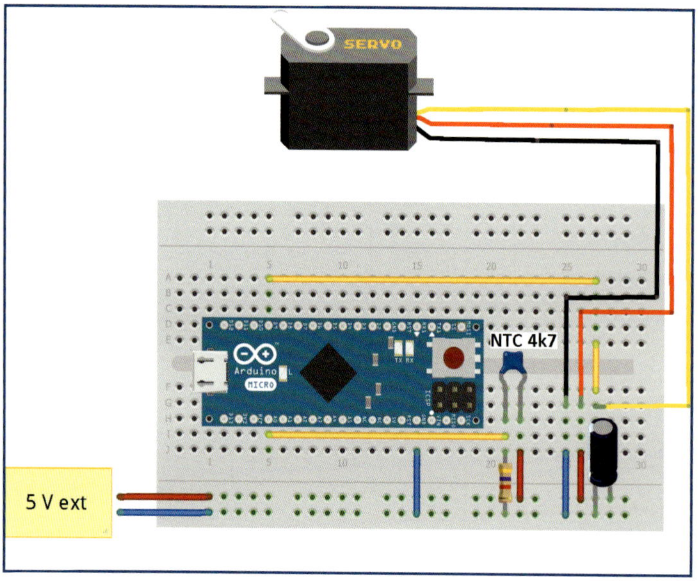

Abb. 11.8: Schaltung zum Megadisplay-Thermografen

Sketch: Programm zum Thermografen mit Megadisplay
(Thermometer_MEGA_Display.ino)

```
// Thermograph with MEGA-Servo-Display
// using P5V to 4k7 NTC temperature sensor @ ADC0, 4k7 to GND

const byte zeroPos = 90;
const byte minPos = 40;
const byte maxPos = 140;
const byte scalFact = 2;

#include <Servo.h>
Servo myservo;
int pos = 0;

int offset = 28;        // temperatur calibration - offset
float cal = 0.1135;    // temperatur calibration - slope
int ADC0=0;
int ADC_value;
float temp;

void setServo(byte pos)
{if (pos>=maxPos) pos = maxPos;
 if (pos<=minPos) pos = minPos;
 // Serial.print("pos = "); Serial.println(pos);
 myservo.write(pos);
}
void setup()
{ Serial.begin(9600);
  myservo.attach(9);
}

void loop()
{ ADC_value=analogRead(ADC0);
  temp=ADC_value*cal-offset;
  Serial.print("Temp = "); Serial.print(temp,1); Serial.println("    ");
  pos=minPos+scalFact*temp; // calculate servo position from
temperature
  setServo(pos); delay(1000);
}
```

KAPITEL 12 bis 16

PROGRAMMIERPROFI

12 Arduino Micro in professionellen Entwicklungsprojekten

Will man Eigenbaugeräte dauerhaft betreiben, ist es vorteilhaft, wenn man sie in ein Gehäuse einbaut. Einige Beispiel wurden bereits im Kapitel zur Designeruhr oder beim Entfernungsmesser vorgestellt.

Daraus ergeben sich einige Vorteile:

- Ein Breadboard-Aufbau wird so vor unbeabsichtigten mechanischen Einflüssen geschützt. Eingesteckte Bauteile können nicht mehr versehentlich aus der Aufbauplatte gezogen werden etc.
- Ein weiteres wichtiges Argument ist der Staubschutz. Wenn die Aufbauten längere Zeit stehen, sollten sie vor überall anzutreffendem Hausstaub geschützt sein. Andernfalls sammelt sich in den Kontaktlöchern Staub und es entstehen Wackelkontakte.
- Mit einer Frontplatte können Anzeige- oder Bedienelemente beschriftet werden. Komplettgeräte erhalten so ein professionelles Gesamtdesign.

12.1 Gehäuse

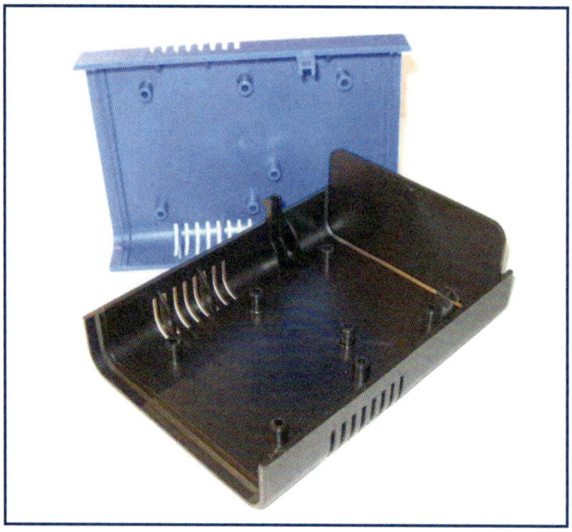

Abb. 12.1: Eurogehäuse

Die nachfolgende Abbildung zeigt ein Beispiel für ein kommerziell erhältliches Gehäuse. Es handelt sich hier um ein preisgünstiges sogenanntes Eurogehäuse. Dieser Gehäusetyp ist in verschiedenen Größen und Farben erhältlich. Für die Befestigung von Leiterplatten befinden sich im Gehäuseinneren mehrere Schraubhülsen.

Verschiedene Breadboard-Varianten können in solchen Gehäusen leicht mittels Trägerplatte befestigt werden. Auch Displays oder Bedienelemente wie Schalter, Taster oder Potenziometer können ergonomisch in eine Frontplatte integriert werden.

12.2 Lochrasterplatinen

Es besteht auch die Möglichkeit, Schaltungen auf sogenannten Lochrasterplatinen aufzubauen. Sie gibt es in verschiedenen Ausführungen. Durch den rasterförmigen Aufbau dieser Leiterplatten können die Schaltungen ähnlich wie auf dem Steckboard realisiert werden.

Wenn also eine Schaltung einmal vollständig ausgetestet ist und alles zur vollsten Zufriedenheit funktioniert, kann man den Breadboard-Aufbau praktisch 1:1 auf eine Lochrasterplatine übertragen. Leitende Verbindungen werden dabei einfach durch Verlöten mit versilbertem Kupferdraht hergestellt. Ein Ätzen von Leiterplatten ist damit nicht erforderlich. Lochrasterplatinen sind im einschlägigen Fachhandel in verschiedenen Größen erhältlich.

Abb. 12.2: Beispiel für einen Schaltungsaufbau mit einer Lochrasterplatine

13 Include-Bibliotheken

Include-Bibliotheken sind universell gestaltete Programmteile, die in verschiedenen Anwendungen immer wieder verwendet werden können. Sie bilden abgeschlossene Untereinheiten, die möglichst vielseitig einsetzbar sein sollen. Im Unterschied zu einem C-Programm, wird eine Include-Bibliothek nicht mit dem Suffix *.c* sondern mit *.h* gekennzeichnet.

Die Bibliotheken sind ein schönes Beispiel dafür, wie eng klassisches C und *Processing* der Arduino-IDE verknüpft sind. So wird bei der Designeruhr eine Bibliotheksdatei zur Ansteuerung der 7-Segment-Anzeige verwendet. Diese .h-Datei wurde ohne die Verwendung der speziellen Arduino-Routinen in klassischem C erstellt. Sie kann dennoch problemlos auch in der Arduino-IDE verwendet werden.

In einem Hauptprogramm wird eine .h- Datei dann über den Befehl

```
Include bibliothek.h
```

eingebunden. Bei der Designeruhr wurde von dieser Technik bereits Gebrauch gemacht. Mit den Zeilen

```
#include "TimerOne.h" // include timer lib
#include "display_driver.h" // include display driver
```

wurde sowohl die selbsterstellte *display_driver.h*-Bibliothek als auch die im Internet verfügbare *TimerOne.h*-Library eingebunden. Auf diese Weise stehen alle in den Bibliotheken definierten Routinen nun auch im Hauptprogramm zur Verfügung.

Natürlich kann man Unterprogramme aus Bibliotheken auch in eigenen Programmen nutzen, ohne ihre Funktionsweise im Detail zu verstehen. Bei fortgeschrittenen Anwendungen ist es aber meist hilfreich, wenn man zumindest eine ungefähre Vorstellung vom Aufbau dieser Funktionen hat.

Deshalb wird im nächsten Kapitel die Include-Bibliothek *display_driver.h* genauer betrachtet.

13.1 Ansteuerung von 7-Segment-LED-Anzeigen

Die für die Ansteuerung einer 4x7-Segment-Anzeige zuständige Include-Bibliothek *display_driver.h* ist ein schönes Beispiel für eine universell einsetzbare Include-Datei. Wenn diese Library erst einmal komplett erstellt und getestet wurde, kann sie immer wieder für alle Aufgaben verwendet werden, in denen ein 7-Segment-Display zum Einsatz kommt.

Darüber hinaus zeigt die Library deutlich, dass man auch im Bereich der Arduino-Programmierung mit klassischem C hervorragend arbeiten kann. Im Rahmen der Bibliothek wurde auf spezielle Arduino-Routinen vollständig verzichtet, es wurden nur standardisierte Befehle des AVR-GCC-Compilers verwendet.

Das Display wird an den Ports B und D des Controllers betrieben. Im Einzelnen werden die Pins B0 bis B7 sowie D0 bis D3 verwendet. Im Hauptprogramm werden entsprechend die Ports B und D als Ausgänge deklariert:

```
DDRB = 0b11111111;
DDRD = 0b00001111;
```

Bei Arduino Micro entsprechen diese Pins den Bezeichnungen Digital 3, 2, 0, 1 und Digital 8, 9, 10, 11 sowie SS, SCK, MOSI und MISO. Die Zuordnung der Anschlüsse kann Abb. 1.4 entnommen werden.

Die folgende Tabelle zeigt, wie die Display-Pins mit dem Port B des Arduino Micro verbunden sind.

Port B	7	6	5	4	3	2	1	0
Display-Pin	a	f	b	g	c	DP	d	e
Zustand z. B. für »0«	0	0	0	1	0	1	0	0
Bitwertigkeit	128	64	32	16	8	4	2	1

Tab.13.1: Anschluss der LED-Anzeige an den µC

Die Zahlendarstellung erfolgt durch Zerlegung der übergebenen Zahl in einzelne Ziffern in der Routine

```
void send_int_to_LCD(int n, int dot)
```

Mit

```
void digit (unsigned int value, unsigned int pin)
```

werden die Ziffern an die korrekte Position im Display geschrieben. Dabei werden die Ziffern im Array

```
const int8_t numbers [10]
```

wie folgt codiert. Soll z. B. die Ziffer »0« dargestellt werden, müssen alle Segmente bis auf das g-Segment leuchten. Da eine Anzeige mit gemeinsamer Anode gewählt wurde, bedeutet das, dass alle Ausgänge bis auf den am g-Segment angeschlossenen Pin auf Low liegen müssen. Nach Tabelle 13.1 und Abbildung 13.1 bedeutet das ein Binärmuster für die »Null« von

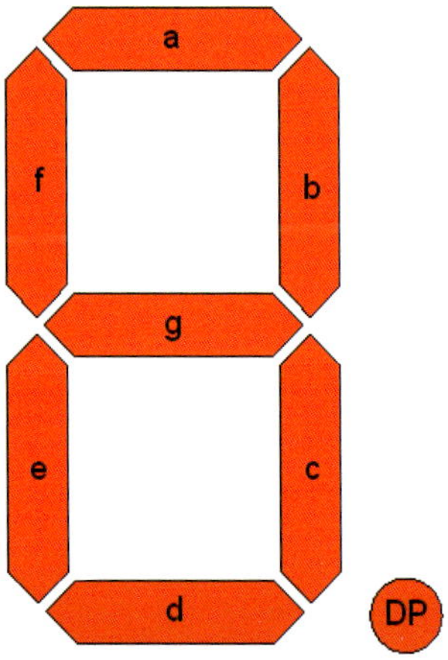

Abb. 13.1: Segmentbezeichnungen einer LED-Ziffernanzeige

0b00010100. Analog können so auch alle anderen Ziffern codiert werden. So ergibt sich das vollständige Feld:

```
const int8_t numbers [10] =

{ 0b00010100, 0b11010111, 0b01001100, 0b01000101, 0b10000111,
 0b00100101, 0b00100100, 0b01010111, 0b00000100, 0b00000101};
```

Tab. 13.2: Codierung der Segmente

Ziffer	Binär	a	f	b	g	c	DP	d	e
0	0b00010100	0	0	0	1	0	1	0	0
1	0b11010111	1	1	0	1	0	1	1	1
2	0b01001100	0	1	0	0	1	1	0	0
3	0b01000101	0	1	0	0	0	1	0	1
4	0b10000111	1	0	0	0	0	1	1	1
5	0b00100101	0	0	1	0	0	1	0	1
6	0b00100100	0	0	1	0	0	1	0	0
7	0b01010111	0	1	0	1	0	1	1	1
8	0b00000100	0	0	0	0	0	1	0	0
9	0b00000101	0	0	0	0	0	1	0	1

Die einzelnen Digits werden über die vier Pins des Ports D angesteuert:

Tab. 13.3: Codierung der Digits

Einerstelle	PD0
Zehnerstelle	PD1
Hunderterstelle	PD2
Tausenderstelle	PD3

Über die Case-Anweisung werden die Dezimalstellen an die Digits verteilt:

```
switch(act_dig)
{ case 0: digit (D000X, 3); break;
case 1: digit (D00X0, 2); break;
case 2: digit (D0X00, 1); break;
case 3: digit (DX000, 0); break;
case 4: set_dot(dot);
```

Schließlich kann noch der Dezimalpunkt gesetzt werden:

```
void set_dot (int pos)
```

Dabei setzt *pos* den linken Dezimalpunkt, *pos = 1* den darauf folgenden rechten usw. Für pos-Werte > 3 wird kein Punkt aktiviert. Damit ist die Bibliotheks-Datei *display_driver.h* vollständig und bereit zum Einsatz in neuen Projekten.

Sketch: Include-Datei display_driver.h

```
 // display driver

const int8_t numbers [10] =
{ 0b00010100, 0b11010111, 0b01001100, 0b01000101, 0b10000111,
  0b00100101, 0b00100100, 0b01010111, 0b00000100, 0b00000101};

char DX000, D0X00, D00X0, D000X; // store single digits
char act_dig = 0;

// Write number at indicated position to display
void digit (unsigned int value, unsigned int pin)
{  PORTB = numbers[value];          // send number to output
   PORTD &= ~(1 << pin); // PinLow => current digit on
}

// set decimal dot, pos = 0 leftmost ... pos = 3 rightmost, pos >
3 no dot
void set_dot (int pos)
{ if (pos < 4)
  {  PORTB = 0b11111011;
     PORTD &= ~(1 << pos);
  }
}

void send_int_to_LCD(int n, int dot)
{  // distribute number to digits
   DX000 = n/1000; n %= 1000;
   D0X00 = n/100;  n %= 100;
   D00X0 = n/10;   n %= 10;
   D000X = n;
   // activate digits one after another
   PORTD = 0b00001111;   // Digits off
   switch(act_dig)
   { case 0: digit (D000X, 3); break;
     case 1: digit (D00X0, 2); break;
     case 2: digit (D0X00, 1); break;
     case 3: digit (DX000, 0); break;
     case 4: set_dot(dot);
   }
   act_dig++; if (act_dig == 5) act_dig = 0;
}
```

14 Befehlsreferenz für Processing

Um die Projekte erfolgreich durchzuführen, ist zunächst kein vollständiges Durchdringen der Programmcodes erforderlich. Ist man allerdings an einem tiefergehenden Verständnis oder auch an der Entwicklung eigener Varianten oder ganz neuer Projekte interessiert, ist eine fundierte Kenntnis der Programmiersprache *Processing* unerlässlich.

Nachfolgend werden daher die wesentlichen Sprachelemente von Processing erläutert. Die Erklärung spezieller Befehle und Anweisungen erfolgte bereits in den jeweiligen Anwendungen.

14.1 Strukturen in Processing und C

Wenn man mit der Arduino-IDE arbeitet, besteht ein Sketch immer aus zwei Teilen. Das ist auch bereits der wesentlichste Unterschied zwischen Processing und klassischem C. In C ist der Anwender selbst dafür verantwortlich, dass das Hauptprogramm in einer Endlosschleife abläuft. Beim Arduino wird das bereits durch die IDE vorgegeben:

```
void setup()

void loop()
```

Die Setup-Funktion wird bei jedem Programmstart genau einmal aufgerufen. Das Setup hat die Aufgabe, Variablen, Pinmodi, Schnittstellen etc. im nachfolgenden Hauptprogramm bekannt zu machen. Man spricht hier auch von Deklaration. Werden den deklarierten Variablen auch gleich Werte zugewiesen, wird das als *Initialisierung* bezeichnet. Häufig werden im Setup auch Programmbibliotheken usw. eingebunden.

Void setup() muss immer im Programm stehen, auch wenn keine Deklarationen erforderlich sind. Die Setup-Routine hat nämlich auch die Aufgabe, Standardfunktionen, wie beispielsweise *digitalWrite()* zur Verfügung zu stellen.

In der auf das Setup folgenden Endlosschleife *loop()* wird der eigentliche Programmcode festgelegt. Die in der *loop* enthaltenen Befehle und Anweisungen werden nacheinander immer wieder ausgeführt, bis der Controller von der Versorgungsspannung getrennt, ein Reset ausgelöst oder ein neuer Programmcode aufgespielt wird.

14.2 Syntaxelemente im Überblick

Jede natürliche Sprache benötigt Satzzeichen. Damit kann geschriebene Sprache in übersichtlicher Weise strukturiert werden. Entsprechend verfügen auch Programmiersprachen über syntaktische Elemente. Auch Processing kommt natürlich nicht ohne einen gewissen Grundvorrat an Syntaxelementen aus.

; (Semikolon)
Mit dem Semikolon wird ein Befehl abgeschlossen. So ist es auch möglich, mehrere Befehle in eine Programmzeile zu schreiben. Allerdings ist es aufgrund der besseren Übersicht üblich, für jeden Befehl eine neue Zeile zu beginnen.

// (Einzeiliger Kommentar)
Einzeilige Kommentare können mit einem Doppelslash gekennzeichnet werden. Ein solcher Kommentar endet automatisch mit dem Zeilenende

/* */ (Mehrzeiliger Kommentar)
Erstreckt sich ein Kommentar über mehrere Programmzeilen, muss er zwischen den Zeichen /* und */ eingeschlossen werden. Beispiel:

```
/* Dies ist ein
 mehrzeiliger Kommentar
*/
```

Mehrzeilige Kommentarzeichen eignen sich auch zum »Auskommentieren« von Programmteilen. Soll, beispielsweise zu Testzwecken, ein bestimmter Programmteil nicht durchlaufen werden, kann er zwischen Kommentarzeichen gesetzt werden. Ist der Test beendet, sind die Kommentarzeichen wieder zu entfernen.

{} (Geschweifte Klammern)
Mit geschweiften Klammern können Befehlsblöcke zusammengefasst werden. Es empfiehlt sich, die Klammern so zu positionieren, dass die Befehlsblöcke schon rein optisch als logische Einheiten ins Auge springen. Im Abschnitt zu den Kontrollstrukturen finden sich Beispiele für den Einsatz von geschweiften Klammern.

14.3 Operatoren

Zur Ausführung von Berechnungen oder zum Treffen logischer Entscheidungen werden sogenannte Operatoren benötigt. Auch Processing verfügt über alle für eine universelle Programmierung erforderlichen Operatoren. Processing ist daher in diesem Sinn »touring-vollständig«, d. h., prinzipiell können alle möglichen mathematisch-logischen Operationen durchgeführt werden.

Arithmetische Operatoren

Die arithmetischen Operatoren haben auch in Processing die üblichen mathematischen Bedeutungen:

=	Zuordnung
+	Addition
-	Subtraktion
*	Multiplikation
/	Division
%	Modulo, d. h. Rest einer Division

Tab 14.1: Arithmetische Operatoren

Vergleichsoperatoren

Auch bei den Vergleichsoperatoren gelten die üblichen mathematischen Bedeutungen:

==	ist gleich
!=	ungleich
<	kleiner
>	größer
<=	kleiner gleich
>=	größer gleich

Tab. 14.2: Vergleichsoperatoren

Anders als in vielen anderen Programmiersprachen wird in C und damit auch in Processing zwischen der Zuordnung = und dem Gleichheitsoperator == unterschieden. Im ersten Fall wird einer Variablen ein Wert zugewiesen, z. B.:

```
myValue = 12;
```

Im zweiten Fall wird auf Gleichheit überprüft, z. B.:

```
if (xWert == 10)  (siehe Abschnitt Kontrollstrukturen)
```

Boolesche Operatoren

Die booleschen Logikoperationen werden durch die folgenden Operatoren realisiert:

!	NOT
&&	AND
||	OR

Tab. 14.3: Logische Operatoren

Die Operatoren haben ihre in der Binärtechnik üblichen Bedeutungen.

NOT
!0 = 1
!1 = 0

Tab. 14.4: NOT-Operator

AND
0 && 0 = 0
0 && 1 = 0
1 && 0 = 0
1 && 1 = 1

Tab. 14.5: AND-Operator

OR
0 || 0 = 0
0 || 1 = 1
1 || 0 = 1
1 || 1 = 1

Tab. 14.6: OR-Operator

Bitweise Verknüpfung

Sollen nicht logische Variablen, sondern einzelne Bits in einer Binärvariablen verarbeitet werden, sind die bitweisen Verknüpfungen zu verwenden.

&	AND
|	OR
^	EXOR
~	bitweise Invertierung

Tab. 14.7: Bitweise Verknüpfungen

Eine bitweise Invertierung toggelt beispielsweise alle Bits in einer Binärzahl:

```
 a = 0b1001;
~a = 0b0110;
```

Compound-Operatoren

Die Compound-Operatoren werden in C häufig eingesetzt. Bei sinnvoller Verwendung können sie Quellcodes deutlich verkürzen und für erfahrene Programmierer auch übersichtlicher erscheinen lassen. Allerdings liegt auch genau darin der Nachteil dieser Variante. Einsteiger werden von Programmzeilen wie *x+ = y* leicht verwirrt. Hat man die Verwendung der Compound-Ausdrücke jedoch erst einmal verstanden, bieten sie hervorragende Möglichkeiten, effizienten und prägnanten Code zu erstellen. So kann die häufig erforderliche Erhöhung einer Variablen um den Wert eins mittels der Compound-Schreibweise sehr kompakt geschrieben werden: aus *x = x + 1;* wird einfach *x++;*. Entsprechend wird aus *x = x + 5* dann *x + = 5*. Die folgende Tabelle fasst die Compound-Schreibweisen zusammen.

Operator	Bedeutung	Lange Schreibweise	Kurzform
++	Increment	x = x + 1	x++
--	Decrement	x = x – 1	x--
+=	Compound Addition	x = x + y	x+=y
-=	Compound Subtraktion	x = x – y	x-=y
*=	Compound Multiplikation	x = x * y	x*=y
/=	Compound Division	x = x / y	x/=y

Tab. 14.8: Compound-Operatoren

14.4 Konstanten

Konstanten sind Werte, die während des Programmablaufs nicht geändert werden. Häufig werden Kalibrationswerte oder Schnittstellenparameter als Konstanten definiert. Aber auch mathematische oder physikalische Konstanten wie *PI= 3.14159* oder *C = 229 792* werden so häufig festgelegt. Gekennzeichnet werden Konstanten mit dem Schlüsselwort *const* für constant.

```
const float CalFactor = 0.19;          // Konstante
```

In Processing existieren einige vordefinierte Werte, sogenannte Grundkonstanten. Sie machen den Programmcode einfacher lesbar.

TRUE/FALSE

Boolesche Konstanten zur Festlegung logischer Werte. FALSE ist als 0 (Null) definiert, TRUE ungleich 0.

HIGH/LOW

Diese Konstanten werden häufig zum Setzen oder Lesen von Pinleveln verwendet. HIGH bedeutet Logiclevel 1, d. h. ON oder 5 Volt, LOW bedeutet Logiclevel 0, OFF oder 0 Volt.

INPUT/OUPUT

Die Konstanten INPUT und OUTPUT wurden für die PinMode()-Funktion definiert und legen fest, ob ein PIN als Eingang oder Ausgang genutzt werden soll.

14.5 Definition von Variablen

Im Gegensatz zu Konstanten können Variablen beim Programmablauf verändert werden. Da Variablen in der Programmierung von höchster Wichtigkeit sind, wurden dafür verschiedene Typen festgelegt:

Typ	Bytes	Bereich
Char	1	-127 bis 127
Byte	1	0 bis 255
Int	2	-32.768 bis 32.767
Word	2	0 bis 65.535
Long	4	-2.147.483.648 bis 2.147.483.647
Unsigned long	4	0 bis 4.294.967.295
Float	4	-3,4028235E+38 bis 3,4028235E+38

Tab. 14.9: Die wichtigsten Variablentypen

Im Prinzip wäre es möglich, immer den Typen Long oder Float den Vorzug zu geben. Bei den begrenzten Speicherplatzressourcen eines µC sollte man allerdings immer den Variablentyp auswählen, der nicht mehr Speicher belegt als notwendig. Darüber hinaus können Operationen mit Integer-Variablen (Int) deutlich schneller ausgeführt werden als Fließkommarechnungen. Bei zeitkritischen Anwendungen sollte man also versuchen, mit Ganzzahlen auszukommen.

Die Festlegung von Variablen erfolgt durch die Angabe des Typs gefolgt vom gewünschten Variablennamen. Gleichzeitig kann auch noch ein Initialwert definiert werden.

```
int myLEDpin = 13;
```

belegt die Variable *myLEDpin* mit dem Wert 13.

14.6 Variablenfelder

Sollen größere Datenmengen verarbeitet werden, wird die Definition einzelner Variablen schnell unpraktikabel. Soll beispielsweise über einen Zeitraum von einem Tag die Temperatur in einem Raum einmal pro Minute aufgezeichnet werden, wären dafür 24 x 60 = 1.440 Variablen erforderlich. Es wäre mit erheblichem Aufwand verbunden, wollte man sie alle einzeln in einem Programm definieren.

Wichtig
Das erste Feldelement in einem Array hat den Index 0.

Die bessere Lösung ergibt sich durch die Verwendung von Variablenfeldern. Variablenfelder, auch als *arrays* bezeichnet, sind eine Zusammenfassung von Variablen gleichen Typs. Auf die einzelnen Elemente eines Variablenfelds kann mithilfe eines Index zugegriffen werden. Die folgenden Anweisungen definieren jeweils ein Array:

```
int myValues[5];
int PinNumbers[] = {1, 3, 5, 7, 9};
float SensorValues[4] = {2.44, -3.32, -4.11, 1.05};
char text[6] = "hallo";
```

Sie erzeugen jeweils Felder mit 5, 5, 4 oder 6 Variablen mit den angegebenen Datentypen int, float oder char.

Auf die Feldelemente kann über den jeweiligen Index zugegriffen werden:

```
myNumbers[0] = 1;
Temperature = SensorValue[4];
```

Für ein Feld mit 5 Variablen ist der letzte Index also 4. Bei Abruf einer Feldvariablen mit dem Index 5 würde ein zufälliger im Speicher des Controllers stehender Wert zurückgelesen!

```
int myArray[5]={1,4,5,2,1};
// myArray[4] enthält den Wert 1
// myArray[5] ist ungültig und liefert einen zufälligen Wert
```

14.7 Kontrollstrukturen

Programme müssen auf verschiedene Situationen und Ereignisse in wohldefinierter Weise reagieren können. Deswegen existieren in Processing/C verschiedene Kontroll- bzw. Programmstrukturen. If/Else-Entscheidungen und While-Schleifen sind die beiden wichtigsten. For-Schleifen und Case-Anweisungen könnten prinzipiell durch If- und While-Konstruktionen ersetzt werden. Allerdings lassen sich durch If- und For-Schleifen Programmcodes übersichtlicher gestalten. Deshalb sind sie auch in C und Processing verfügbar.

If

Mit *if* kann überprüft werden, ob eine bestimme Bedingung erfüllt ist:

```
if (v > 9)
{ // Anweisung
}
```

Die Anweisung wird nur ausgeführt, wenn die Variable *v* größer als neun ist.

If ... else

Die If-...-else-Kombination erlaubt eine weitergehende Kontrolle des Programmflusses. Es können mehrer Bedingungen unterschieden werden:

```
if (v < 20)
{ // Anweisung A
}
else
{ // Anweisung B
}
```

Ist die Variable *v* kleiner als 20, so wird Anweisung A abgearbeitet. Andernfalls kommt Anweisung B zur Ausführung.

While() und do ... while()

While-Schleifen werden häufig verwendet, wenn auf bestimme Ereignisse reagiert werden soll. Sie werden solange durchlaufen, bis eine bestimmte Abbruchbedingung erfüllt ist.

```
while(Bedingung)
{ // Anweisung
}
```

Im folgenden Beispiel wird also die Anweisung A so lange wiederholt, bis die Variable den Wert 10 erreicht hat.

```
  var = 0;
  while(var < 10)
  { // Anweisung A
var++;
  }
```

Wichtig ist hier, dass die Schleifenvariable innerhalb der While-Schleife verändert wird. Andernfalls entsteht eine sogenannte Endlosschleife, die vom Programm nicht mehr verlassen werden kann. Ähnlich wie die While-Schleife funktioniert die Do-...-while-Schleife. Unabhängig vom Wahrheitswert der »Bedingung« wird die Do-...-while-Schleife jedoch immer mindestens einmal durchlaufen, da hier die Bedingung erst am Ende der Schleife geprüft wird.

```
do
{ // Anweisung
}
   while (Bedingung);
```

For

Eine For-Schleife erlaubt, Anweisungen mit einer definierten Anzahl von Durchläufen zu wiederholen. Die Anzahl der Wiederholungen wird durch drei Parameter

- Initialisierung
- Bedingung
- Increment

gesteuert.

```
for (Initialisierung; Bedingung; Increment)
{ // Anweisung ;
}
```

Zunächst muss eine Startbedingung, die *Initialisierung* festgelegt werden. Immer, wenn die Schleife durchlaufen wurde, wird die *Bedingung* geprüft, die Anweisung in der Schleife bearbeitet und die Aktion *Increment* ausgeführt. Wenn die Bedingung nicht mehr erfüllt ist, wird die Schleife beendet.

Im folgenden Beispiel wird die »Anweisung« also drei Mal ausgeführt:

```
for(int i = 1; i <= 3; i++)
{ // Anweisung;
}
```

Im Increment muss nicht immer notwendigerweise aufwärts gezählt werden. Die folgende Schleife führt beispielsweise einen Countdown aus:

```
for(int n = 10; n >=0; i--)
{ // Anweisung;
}
```

Break
Die Break-Anweisung dient dazu, eine Schleife zur verlassen oder zu beenden. *Break* kann sowohl in Do- und For- als auch in While-Schleifen verwendet werden.

Beispiel 1: Abbrechen einer While-Schleife

```
int i = 0;

while(1)
{ // Anweisung
 if (i == 5) break;
 i++;
}
```

Hier wird eine Endlosschleife (*while(1)*) über *break* abgebrochen.

Beispiel 2: Abbrechen einer For-Schleife

```
for (int i = 0; i < 10; i ++)
{ // Anweisung ;
 j = i * i;
 If (j > 25)
   { // Schleife beenden, da j zu groß ist
    break;
   }
   }
```

Switch/case
Ähnlich wie die If-Anweisung kann der Programmablauf auch über Switch/Case-Konstruktionen gesteuert werden. Mit der Switch/Case-Anweisung lassen sich verschachtelte If-Konstrukte elegant umgehen, da im Gegensatz zu *if* und *if/else* mit *switch/case* auch mehrere verschiedene Fälle unterschieden werden können.

Währen des Programmablaufs wird jeder einzelne Fall geprüft. Anschließend wird in den Zweig gesprungen, in dem die Prüfbedingung erfüllt ist.

Die Switch/Case-Anweisung verfügt über die folgenden Parameter:

- var – Selektionsvariable
- break – Jeder Case-Zweig sollte mit einem *break* abgeschlossen werden (s. u.).

- default – wenn keine Bedingung zutrifft, werden die Anweisungen im Default-Zweig ausgeführt.

Beispiel:

```
switch (v)
 { case 1:    // Anweisung A
 break;
 case 2:      // Anweisung B
 break;
 default:     // Anweisung C
 }
```

Zu beachten ist, dass nach jedem *case* ein *break* folgen sollte, andernfalls werden alle Anweisungen ausgeführt, die nach der jeweils zutreffenden Case-Auswahl stehen. Das ist jedoch meist unerwünscht, da im Allgemeinen nur die Anweisungen des jeweils zutreffenden Case-Zweiges ausgeführt werden sollen.

14.8 Spezielle Funktionen

Um Anfängern den Einstieg zu erleichtern, verfügt Processing über spezielle Funktionen. Damit können insbesondere kleinerer Programme mit vielen Ein/Ausgabe-Anweisungen leicht umgesetzt werden. Diese Funktionen sind allerdings nur vorgefertigte Unterprogramme, wie sie auch in Standard-C realisiert werden können.

pinMode(pinX, Modus) konfiguriert einen *pinX* entweder als Eingang oder als Ausgang (*Modus = INPUT* oder *Modus = OUTPUT*).

Mit *digitalWrite(pinX, wert)* wird ein *pinX* auf 5 V (*wert = HIGH*) oder 0 V (*wert = LOW*) geschaltet.

Über die Anweisung *int digitalRead(pinX)* kann der Pegel eines an *pinX* anliegenden Signals ausgelesen werden. Die Funktion gibt entsprechend *HIGH* oder *LOW* zurück.

14.9 Zeitliche Steuerung von Programmabläufen

Werden Zeitverzögerungen im Sinn von Programmpausen benötigt, können die folgenden Befehle eingesetzt werden:

delay(x_ms) hält den Programmablauf für eine Zeit von *x_ms* Millisekunden (1/1.000 s) an. Zu beachten ist, dass der Prozessor in dieser Zeit auch keine anderen Aufgaben erledigen kann. Als Beispielanwendung kann das Programm »Blink« dienen.

Die Funktion *delayMicroseconds(y_us)* bewirkt ebenfalls eine Verzögerung, allerdings gibt der Parameter *y_us* die Zeit in Mikrosekunden, also 1/1.000 Millisekunden an.

Schließlich gibt *unsigned long millis()* die Anzahl der Millisekunden zurück, die seit dem Start des aktuellen Programms vergangen sind. Zu beachten ist, dass die Funktion bedingt durch einen Registerüberlauf nach etwas weniger als 50 Tagen auf Null zurückspringt.

14.10 Mathematische und trigonometrische Funktionen

Anders als in C müssen die wichtigsten mathematischen Funktionen bei Processing nicht über eine eigene Bibliothek eingebunden werden. Sie werden von der Arduino-IDE automatisch zur Verfügung gestellt. Die Funktionen haben ihre übliche Bedeutung.

Funktion	Bedeutung	Beispiel	Ergebnis
min(x, y)	Minimum von x und y	x = 3, y = 5	3
max(x, y)	Maximum von x und y	x = 3, y = 5	5
abs(x)	Absolutbetrag	x = -4	4
pow(x, n);	x^n	x = 3, n = 2	9
sqrt(x)	Quadratwurzel	x = 4	2
sin(x_rad)	Sinusfunktion	x_rad = PI	0
cos(x_rad)	Kosinusfunktion	x_rad = PI	-1
tan(x_rad)	Tangensfunktion	x_rad = PI	0

Tab. 14.10

Zu beachten ist, dass die trigonometrischen Funktionen Argumente im Bogenmaß erwarten.

14.11 Befehle für Maus- und Tastatursteuerung

Wird der Arduino Micro als Maus- oder Tastatur-Device konfiguriert, stehen die folgenden Funktionen zur Verfügung.

Tastatur

Über die Keyboardfunktionen kann der Micro virtuelle Tastatureingaben direkt an einen PC oder Laptop senden.

Keyboard.begin(), Keyboard.end()

Mit *Keyboard.begin()* wird die Tastaturfunktion gestartet. Beendet wird sie über *Keyboard.end()*.

Keyboard.print(), Keyboard.println()

Mit *Keyboard.print()* können Zeichen und Zeichenketten an den PC gesendet werden. Der PC verhält sich so, als ob die Zeichen über eine USB-Tastatur eingegeben würden. So kann der Arduino Micro auch direkt in Windowsanwendungen wie etwa Word oder Excel schreiben. Mit

```
Keyboard.print("Hallo PC!");
```

wird die Zeichenfolge »Hallo PC!« in eine beliebige Windows-Anwendung geschrieben. *Keyboard.println()* fügt zusätzlich einen Zeilenvorschub ein.

Keyboard.write()

Die Funktion *Keyboard.write* sendet einzelne ASCII-Zeichen zum Rechner. So wird über

```
Keyboard.write(65);
```

das ASCII-Zeichen »A« übertragen.

Maus

Auch die Funktionen einer USB-Maus können vom Arduino Micro übernommen werden. Die Bewegungen des Mauscursors erfolgen dabei immer zur letzten Cursorposition.

Mouse.begin(), Mouse.end()

Mit dem Befehl *Mouse.begin()* wird die Mausfunktion gestartet, *Mouse.end()* beendet die Funktion.

Mouse.click()

Diese Funktion sendet einen kurzen Mausklick zum Computer. Ohne Argument wird ein Klicken der linken Maustaste gesendet. Für die anderen Maustasten stehen die folgenden Parameter zur Verfügung: *MOUSE_LEFT* (default), *MOUSE_RIGHT* und *MOUSE_MIDDLE*.

Mouse.move()

Mit *Mouse.move()* kann der Mauscursor auf dem Bildschirm bewegt werden. Die Bewegung erfolgt immer relativ zur Cursorposition. Es stehen die folgenden Parameter zur Verfügung:

- xVal Bewegung in der x-Achse
- yVal Bewegung in der y-Achse

wheel Drehung am Scroll-Rad

Mouse.press(), Mouse.release()
Im Gegensatz zu *Mouse.click()* kann mit dieser Funktion ein kontinuierliches Drücken einer Maustaste emuliert werden. Mit *Mouse.press()* beginnt der Tastendruck, mit *Mouse.release()* wird er beendet.

Mouse.isPressed()
Über die Funktion *Mouse.isPressed()* können die aktuellen Zustände der Maustasten abgefragt werden.

14.12 Eigene Funktionen

Die Aufgabe von Funktionen ist, größere Programme in leicht überschaubare Teilprobleme zu untergliedern.

Falls bestimme Programmteile immer wieder benötigt werden, ist der Einsatz von Funktionen besonders vorteilhaft. Eine Funktion muss nur einmal erstellt werden und kann dann an beliebigen Stellen eines Programms immer wieder aufgerufen werden.

Der einfachste Funktionstyp hat weder ein Argument noch liefert er einen Wert zurück: *void funktionsname(void)*. Der Ausdruck »void« steht dabei für »ungültig«, »nicht erforderlich« oder »nicht vorhanden«. Eine Funktion muss vor ihrer ersten Verwendung im Programm definiert werden: *void funktionsname(void);*

Danach kann sie an einer beliebigen Stelle des Programms verwendet werden. Der Aufruf der Funktion erfolgt einfach über ihren Funktionsnamen.

14.13 Parameterübergabe

Einer Funktion können auch sogenannte Parameter übergeben werden. Im Gegenzug kann eine Funktion auch ein Ergebnis zurückliefern.

Werden sowohl Parameter übergeben als auch Ergebnisse zurückgeliefert, entspricht eine Processing-Funktion weitgehend ihrem mathematischen Äquivalent y = f(x) mit dem Argument x und dem Rückgabewert y. Falls eine Funktion mehrere Parameter hat, können diese mit einem Komma getrennt werden. Die folgende Funktion berechnet so beispielsweise die Summe der Variablen *a* und *b*:

```
int summe(int a, int b)
{ return(a+b);
}
```

15 Embedded C

In diesem Kapitel werden die speziell für Mikrocontrolleranwendungen wichtigen C-Strukturen näher erläutert. Dieses Kapitel kann und will natürlich keinen Grundkurs in klassischem C ersetzen. Die Grundelemente der Sprache wurden bereits ausführlich in der Literatur erörtert und können bei Bedarf beispielsweise im immer noch aktuellen Klassiker von Brian Kernighan und Dennis Ritchie (siehe Literaturverzeichnis) nachgelesen und aufgefrischt werden.

Die Erläuterungen sind an dieser Stelle vergleichsweise knapp gehalten. Sie dienen lediglich als Referenz für die im Hauptteil des Buchs beschriebenen Programme.

Insbesondere anhand des Beispiels der display_driver.h-Datei aus dem Projekt zur Designeruhr kann man sich so in die feineren Details von Embedded C einarbeiten. Wer tiefer in die Welt des Physical Computing einsteigen will, sollte sich eingehender mit der Standard-C-Programmierung befassen. Insbesondere mittels Bitmanipulation und Portoperationen lassen sich häufig deutlich effizientere Codes erstellen als mit den vorgefertigten Routinen der Arduino-IDE. Deshalb werden in den nächsten Kapiteln insbesondere diese Themen etwas genauer diskutiert.

15.1 Bitmanipulation und Bitmasken

Bitmanipulationen sind bei der klassischen Programmierung mit Embedded C von zentraler Bedeutung. Da die einzelnen Pins intern als Bits in einem Register behandelt werden, spielt die Steuerung und Manipulation auf Bitebene naturgemäß eine zentrale Rolle. Da diese Operationen direkt in Maschinencode übersetzt werden können, liefern sie meist schnelle und speichereffiziente Programme.

Häufig sind es aber genau die Programmzeilen mit den »kryptischen« Bitmanipulationszeichen, die dem Einsteiger in C Probleme bereiten. Bei näherer Betrachtung stellt sich allerdings heraus, dass man diese Hürden schnell überwinden kann.

Die wichtigsten Bit-Operationen in einem Register sind:

<<	Links schieben (Bsp.: a<<b ist das gleiche wie a * 2^b)
>>	Rechts schieben
|	binäres OR
&	binäres AND
^	binäres XOR

Häufig wird das Schieben nach links verwendet. Bits in einem Byte um n Stellen nach links zu schieben, entspricht der Multiplikation eines Bytes mit 2^n. So wird etwa durch die Anweisung *(1 << 5);* (<<-Operator) eine 1 5-mal nach links geschoben. Betrachtet man diesen Vorgang in Binärschreibweise, wird aus 0b00000001 -> 0b00100000. In dezimaler Schreibweise entspricht das 2^5 = 32 = 0b00100000.

Auch der Begriff der *Bitmaske* taucht bei Embedded-C-Projekten immer wieder auf. Bitmasken werden häufig eingesetzt, um unter Anwendung der logischen Operatoren (z. B. AND, OR, XOR) ein Mikrocontrollerregister zu manipulieren.

Ist es beispielsweise erforderlich, in einem Byte mehrere Bits auf Eins zu setzen, ohne dass die anderen Bits beeinflusst werden sollen, kann das durch eine OR-Verknüpfung erreicht werden. Damit kann erreicht werden, dass alle Bitpositionen, die in der Bitmaske auf 1 gesetzt sind, ebenfalls auf 1 gesetzt werden. Alle anderen Bits, die in der Maske auf 0 gesetzt sind, bleiben dagegen unverändert.

Wichtige Beispiele sind die folgenden häufig benutzten Definitionen:

```
#define sbi(PORT, bit)   (PORT|=(1<<bit)) // set bit in PORT
#define cbi(PORT, bit)   (PORT&=~(1<<bit)) // clear bit in PORT
#define tgl(PORT, bit)   (PORT^=(1<<bit)) // toggle bit in PORT
```

Über die Funktion *sbi* kann so beispielsweise ein Bit an einer bestimmten Stelle eines Ports gesetzt werden. Die anderen Bits bleiben dagegen unverändert.

Das folgende Beispiel zeigt, wie im PORTC ein zusätzliches Bit gesetzt werden kann. Der ursprüngliche Wert von PORTC soll zunächst 0b00000001 sein. Dann soll das 5. Bit gesetzt werden. Unter Verwendung der Funktion *sbi* ergibt sich so:

```
sbi(PORTC,5) oder PORTC |=(1<<5))
```

Die Schreibweise *PORTC I=(1<<5))* ist dabei nur eine unter Verwendung der Compound-Operatoren abgekürzte Schreibweise für

```
PORTC = PORTC | (1<<5))
```

Mit dieser Anweisung werden also die folgenden Einzelschritte ausgeführt:

(1 << 5): Die 1 wird an die richtige Stelle geschoben. Für bit = 5 entsteht also wieder die Binärzahl 0b00100000

OR-Verknüpfung mit | also

- 0b00000001 OR-verknüpft mit
- 0b00100000 wird zu
- 0b00100001

Mit = wird PORTC das Ergebnis 0b00100001 zugewiesen.

Damit wurde also genau das gewünschte dritte Bit gesetzt. Analog wird mit *cbi* ein Bit gelöscht und mit *tgl* ein Bit invertiert (getoggelt).

Letztendlich führt der Controller auch genau diese Befehle durch, wenn in der Arduino-IDE die Anweisung *digitalWrite(Bit, HIGH)* ausgeführt wird. Da aber zunächst beispielsweise festgestellt werden muss, in welchem Port sich das gewünschte Bit befindet, ist die Umsetzung der Befehle in der Arduino-IDE deutlich aufwendiger. Das wirkt sich sowohl im Speicherplatzbedarf als auch in der Abarbeitungszeit der erzeugen Sketche aus.

Das ist auch der Grund dafür, dass ein hex-File für ein einfaches Blinkprogramm fast 3.000 Zeichen enthält, während das entsprechende Programm bei der Compilierung mit Atmel Studio und AVR-GCC mit weniger als 500 Zeichen auskommt.

15.2 Ansteuerung von IO-Ports

Ein weiterer wichtiger Schritt in Richtung eines effizienten Codes ist die Arbeit mit Controllerports. Die Ports eines Mikrocontrollers werden über GPIO(General Purpose Input/Output)-Register gesteuert.

Abbildung 1.4 in Kapitel 1 zeigt neben den arduino-internen Bezeichnungen für die Pins des Arduino-Micro-Boards auch die Portnamen des Controllers ATMega32U4.

Man erkennt, dass die Ports etwas willkürlich auf die Pins verteilt wurden. Das ist ein gewisser Nachteil im Vergleich zu den klassischen Arduino-Bauformen. Dort wurden die Ports weitestgehend zu benachbarten Pingruppen zusammengefasst.

Bei der Arbeit mit der Arduino-IDE spielt das nur eine untergeordnete Rolle, da hier schließlich nur auf Pinebene gearbeitet wird. In der Arduino-Welt existieren nur Bezeichnungen wie D5 für den digitalen Ein-/Ausgang Nummer 5 oder A3 für den Analogeingang Nummer 3.

Auf Controllerebene dagegen wird mit Ports gearbeitet. Der Vorteil ist wieder eine erhebliche Beschleunigung des Programmablaufs. Kommt es bei komplexeren Anwendungen also auch auf die Ablaufgeschwindigkeit eines Programms an, sollte man möglichst portorientiert arbeiten. Mann muss dann natürlich auf die entsprechende Pinzuordnung nach Abbildung 1.4 Rücksicht nehmen.

Diese GPIO-Register im Controller haben die folgenden Aufgaben:

- Definition des Pins als Ein- oder Ausgang
- Schalten des Pegels (High oder Low) bei Ausgängen
- Erfassung des anliegenden Spannungspegels bei Eingängen

Einem Port sind dafür jeweils drei Register zugeordnet:

DDR	Datenrichtungsregister: Bit = 1: Ausgang Bit = 0: Eingang
PIN	Eingangsregister: Bit = 1: High-Potenzial Bit = 0: Low-Pegel
PORT	Datenausgaberegister Bit = 1: High-Potenzial Bit = 0: Low-Potenzial

Tab. 15.1: Zugriff auf IO-Ports

In der Arduino-IDE wird das Beschreiben der Datenrichtungsregister von der Anweisung *pinMode* übernommen.

Mit

```
pinMode(PIN, OUTPUT)
```

wird so das dem *PIN* zugehörige DDR-Register als Ausgang definiert.

PINx wird von der Funktion *digitalRead* übernommen, entsprechend wird über *digitalWrite* das PORT-Register angesteuert.

15.3 Bitnummern für GPIO-Register

Die Bitnummern der Controller-Pins werden durch Einbinden der Dateien *io*.h* der avr-libc definiert. Innerhalb der Arduino-IDE erfolgt das wieder automatisch in Hintergrund. Bei der Arbeit mit dem Atmel Studio muss die Datei aber explizit eingebunden werden, wenn man mit den üblichen Pinbezeichnungen arbeiten will.

Ein Ausschnitt der Definitionen für Port B eines ATmega32 aus der *iom32.h*-Datei verdeutlicht das Prinzip:

```
...

/* PORTB */
#define PB7 7
#define PB6 6
#define PB5 5
#define PB4 4
#define PB3 3
#define PB2 2
#define PB1 1
#define PB0 0

...
```

Tab. 15.2: Vordefinierte Bitnummern

Ist die entsprechende Datei eingebunden, kann man z. B. Port PB3 als Ausgang schalten, indem man schreibt:

`DDRB | = (1<<PB5);` oder

```
sbi(DDRC, PB5);
```

Soll der als Ausgang definierte Pin auf logisch 1 gesetzt werden, setzt man die entsprechenden Bits im Portregister, z. B.

`PORTB |= (1<<PB5);` oder

```
  sbi(PORTB, PB5);
```

Ein »Ausschalten«, d. h. Ausgänge auf *Low* setzen, erfolgt analog:

`PORTB &= ~(1<<PB5);` oder

```
  cbi(PORTB, PB5);
```

15.4 Analoge Messwerterfassung

Analoge Eingangswerte werden über Analog-digital-Converter (ADC) eingelesen. Der ATmega32U4 verfügt über einen ADC mit 10 Bit Auflösung. Durch einen ebenfalls integrierten Analogumschalter könnten prinzipiell bis zu 12 Analogsignale nahezu simultan erfasst werden. Beim

Arduino Micro stehen davon allerdings nur sechs Stück zur Verfügung (A0 bis A5).

Die Grundlagen der Analog-digital-Umwandlung wurden bereits in Kapitel 10 diskutiert. Die Genauigkeit, mit der ein analoges Signal erfasst werden kann, wird durch die Auflösung des ADC angegeben. Ein ADC mit 10 Bit Auflösung kann ein analoges Signal mit einer Genauigkeit von 1/(2^10) = 1/1.024 des Maximalwerts erfassen. Bei einer Maximalspannung von 5 V ergibt sich damit also beispielsweise eine Auflösung von etwa 5 mV.

Um eine korrekte Funktion zu gewährleisten, sind die Prozessorpins AGND und AVCC zu beschalten. Für Präzisionsmessungen kann AVCC mittels eines 100 nF nach VCC entstört werden.

Die Analog-digital-Wandlung muss auf eine Referenzspannung bezogen werden. Der ATmega32U4 bietet hierfür 3 Möglichkeiten:

- Eine externe Referenzspannung (< Vcc) am Anschlusspin AREF
- Die interne Referenzspannung
- Im einfachsten Fall Vcc als Referenzspannung

In Processing erfolgt die Abfrage eines analogen Eingangs über die Funktion *analogRead(Ax)*, wobei *x* einer der Eingangskanäle zwischen 0 und 5 ist.

Der Arduino-Befehl für die Festlegung der Referenzspannung lautet *analogReference()*.

Die Grundeinstellung der Referenzspannung für den Arduino Micro ist die Versorgungsspannung von 5 V. Das hat den Vorteil, dass sich bei Sensoren, die über die Versorgungsspannung betrieben werden, Spannungsänderungen nicht auswirken.

Möchte man dagegen externe Spannungen präzise erfassen, kann man mit der Versorgungsspannung (Vcc) als Referenz nur unzureichende Resultate erwarten, da Vcc in relativ weiten Bereichen schwanken kann. So liefern einige Notebooks nur USB-Spannungen von weniger als 4,5 V. Das würde bei einer vermeintlichen Referenzspannung von 5 V zu erheblichen Fehlern führen. Hier bietet sich die Verwendung der controllerinternen Referenz an. Sie stellt eine vergleichsweise konstante Referenzspannung von 1,1 V zur Verfügung. Die interne Referenz wird über *analogReference (INTERNAL)* aktiviert.

Für höchste Messgenauigkeit bietet sich der Einsatz einer externen Referenz an: *analogReference(EXTERNAL)*.

Hier wird die Spannung am AREF-Pin (0 to 5 V max.) als Referenzwert verwendet. Man kann hier also eine externe Spannungsreferenz wie etwa den Baustein ADR4525 von Analog Devices einsetzen.

15.5 Warteschleifen (delay.h)

Während eines Programmablaufs ist es immer wieder erforderlich, bestimme Zeitintervalle abzuwarten. Bereits im Blinkprogramm sind solche Wartezeiten erforderlich. Würde eine LED mit maximaler Prozessorgeschwindigkeit, d. h. im Kilohertz- oder sogar Megahertzbereich, geschaltet, wäre das Blinken nicht zu erkennen.

Das menschliche Auge kann Helligkeitsschwankungen mit einer Frequenz von mehr als 50 Hz nicht mehr auflösen. Die LED würde also als mit etwa halber Intensität kontinuierlich leuchtend wahrgenommen. Erst nach der Einhaltung von Pausen wird das Blinken sichtbar. Der entsprechende Befehl in Processing lautet *delay(ms);*.

Der Controller legt dann für die Zeit von *ms* Millisekunden eine Pause ein. Daneben existiert noch der Befehl für kürzere Pausen: *delayMicroseconds(us);*. Hier wird eine entsprechende Zeit in Mikrosekunden abgewartet. Allerdings ist dieser Befehl nur für Zeitspannen größer als 3 µs halbwegs präzise.

Benötigt man eine höhere Präzision, kann man die Funktion *_delay_us()* der Bibliothek *delay.h* des AVR-GCC-Compilers einsetzen. Sie arbeitet bis in Bereiche von 1/10 µs noch korrekt. Eine Beschränkung ergibt sich hier letztlich nur durch den Prozessortakt.

Die Bibliotheksfunktionen verwenden die in F_CPU definierte Taktfrequenz. Sie muss also vorher im Programm mittels eines Define-Befehls angegeben werden. Da der Arduino Micro mit 16 MHz (16.000.000 Hz) getaktet wird, lautet dieser Befehl *define F_CPU = 16000000.*

Der Befehl *_delay_ms()* ist ebenfalls in der Bibliothek *delay.h* enthalten. Er kann für Argumente bis 6553,5 ms (= 6,5535 Sekunden) benutzt werden.

Prinzipiell könnten Zeitverzögerungen auch über leere Schleifen erreicht werden. Diese Methode wird in anderen Programmiersprachen häufig eingesetzt. Allerdings sind die Funktionen *delay()* und *_delay_us()* reinen zeitverzögernden Zählschleifen vorzuziehen, da leere Warteschleifen bei aktivierten Compiler-Optimierungen entfernt werden.

Prinzipiell können bei Mikrocontroller-Anwendungen verschiedene Arten von Wartefunktionen erforderlich sein:

- Warten im Sinn einer Arbeitspause, d. h. eine bestimmte Zeitspanne verstreicht ohne irgendeine aktive Prozessorleistung. Hier sind vorzugsweise Delay()-Funktionen einzusetzen.
- Warten auf einen bestimmten Zustand an einem I/O-Pin; für diese Art des Abwartens sind Interrupts das Mittel der Wahl.
- Warten auf einen bestimmten Zeitpunkt; hier bieten sich Timer als geeignete Arbeitsmittel an.
- Warten auf eine bestimmte Anzahl von Ereignissen, die über einen Zähler erfasst werden; hier kommen die sogenannten Counter zum Einsatz.

Die letzten drei Punkte werden in den folgenden Abschnitten genauer erläutert.

15.6 Interrupts

Interrupts werden immer dann benötigt, wenn es darum geht, möglichst schnell auf unerwartete Ereignisse zu reagieren. Diese Ereignisse können entweder extern oder controllerintern auftreten.

Im ersten Fall wird der Interrupt durch einen Pegelwechsel an einem entsprechend definierten Pin ausgelöst. Im zweiten Fall handelt es sich beispielsweise um den Überlauf eines internen Zählers.

Die folgende Abbildung zeigt den prinzipiellen Programmablauf bei Verwendung von Interrupts.

Beim Arduino existiert hierfür ein spezieller Befehl:

attachInterrupt(InterruptNummer, ISR, Modus)

Mit *ISR* wird die Interrupt-Service-Routine definiert. Diese Routine wird aufgerufen, sobald der Interrupt ausgelöst wurde.

Über *Modus* wird festgelegt, bei welchem Ereignis der Interrupt ausgelöst werden soll:

- LOW löst den Interrupt aus, wenn der entsprechend definierte Pin auf LOW-Potenzial liegt.
- CHANGE löst bei jedem Potenzialwechsel einen Interrupt aus.
- RISING führt zu einer Interruptauslösung, wenn der Pin von LOW auf HIGH geschaltet wird.
- FALLING wird entsprechend bei einem Übergang von HIGH auf LOW einen Interrupt auslösen.

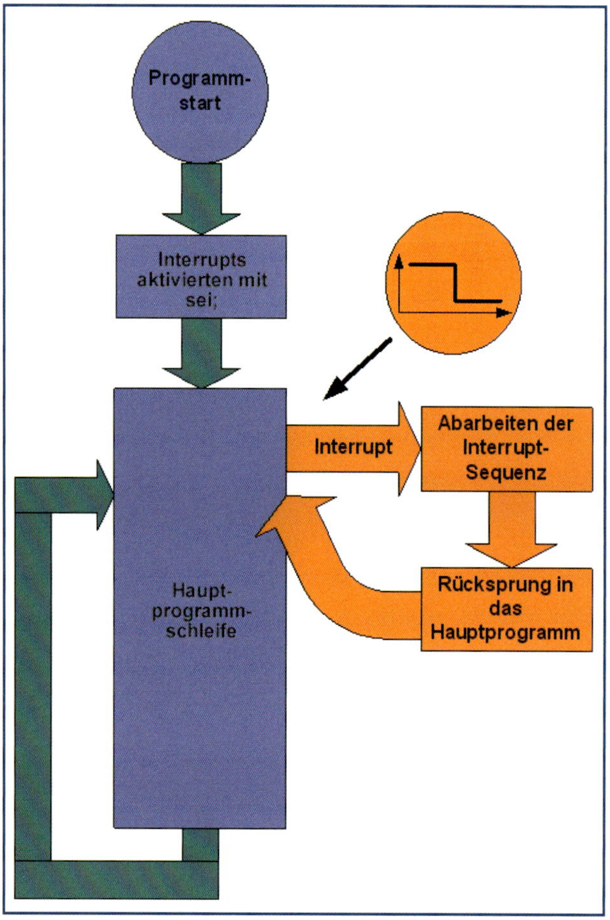

Abb. 15.1: Interrupt-Ablauf

Interrupt-Routinen laufen quasi parallel zum Hauptprogramm ab. In einem Mikrocontroller wie dem ATmega32U4 ist jedoch nur eine CPU vorhanden. Somit ist dieser Controller nicht zu einer Parallelverarbeitung von Programmbefehlen fähig. Das Hauptprogramm wird daher nach der Auslösung eines Interrupts unterbrochen. Der Controller springt in die Interruptroutine und arbeitet diese schnellstmöglich ab. Anschließend wird wieder zum Hauptprogramm zurückgesprungen.

Um die Unterbrechungszeiten des Hauptprogramms so gering wie möglich zu halten, sollten Interrupts prinzipiell möglichst kurz sein und ihre Abarbeitung sollte möglichst wenig Zeit in Anspruch nehmen. Insbesondere wenn Interrupts häufig auftreten können, darf es nicht zu unnötigen Zeitverzögerungen kommen. Andernfalls werden zu rasch aufeinanderfolgende Interrupts nicht korrekt abgearbeitet, da alle weiteren unterbunden werden, sobald ein Interrupt bearbeitet wird.

Innerhalb einer Interruptroutine sollten daher keine zeitaufwendigen Berechnungen erfolgen oder umfangreiche Programmschleifen etc. enthalten sein.

Interrupts können durch verschiedene Ereignisse ausgelöst werden:

- Reset
- Externer Interrupt 0
- Externer Interrupt 1
- Timer/Counter-Ereignisse
- UART-Zeichen-Ereignisse

Die Reihenfolge in der Liste entspricht dabei der Priorität des Interrupts. Darüber hinaus existieren noch weitere Interrupts mit niedrigeren Prioritäten, die in der Liste nicht aufgeführt sind. Weitere Details zu den internen Interrupts, die über Timer ausgelöst werden, finden sich im folgenden Abschnitt.

Wird nicht mit der Arduino-IDE, sondern mit dem Atmel Studio gearbeitet, werden die Funktionen für die Interrupt-Verarbeitung über die Include-Datei *interrupt.h* zur Verfügung gestellt.

Das Makro *sei()* aktiviert dann allgemein die Interruptfunktion. Mit *cli()* wird die Interruptfunktion deaktiviert. Die Verwendung dieses Befehls ist sinnvoll, wenn eine Codesequenz nicht unterbrochen werden darf.

Sowohl in der Arduino-IDE als auch im Atmel Studio muss zu jedem zu aktivierenden Interrupt eine Funktion programmiert werden. Der Code dieser Funktion wird abgearbeitet, wenn der betreffende Interrupt ausgelöst wurde. Das ist die bereits erwähnte Interrupt-Service-Routine (ISR).

Variablen die sowohl in der ISR, als auch vom Hauptprogramm geschrieben oder gelesen werden, müssen mit einem »volatile« deklariert werden. Damit wird festgelegt, dass der Inhalt dieser Variablen flüchtig ist. Ohne diese Deklaration könnte der Compiler die Variable zur Konstanten reduzieren, wenn diese im Hauptprogramm nicht verändert wird. Das würde dann natürlich eine Variablenänderung in der ISR bedeutungslos werden lassen.

15.7 Counter und Timer

Unter einem Timer versteht man ein Zählerregister in einem Mikrocontroller, das rein hardwaregesteuert arbeitet und mit einem festen Takt versorgt wird. Bei bestimmten Zählerständen kann der Timer einen Interrupt auslösen. Aufgrund der konstanten Taktversorgung erfolgt die Interrupt-Auslösung in einem festen Zeitintervall.

Register einer bestimmten Bitbreite können nur bis zu einem festen Maximalwert zählen. Bei kontinuierlichem Auf- oder Abwärtszählen wird also irgendwann ein Zählerstand erreicht, der mit der im Zähler vorhandenen Anzahl von Bits nicht mehr dargestellt werden kann. Wird dieser Zählerstand erreicht, »läuft« der Counter beim nächsten Taktimpuls »über« und wird wieder auf den Wert 0 zurückgesetzt. Dabei kann ein Interrupt ausgelöst werden.

Der Takt für Counter und Timer wird über einen Vorteiler aus dem Systemtakt des ATmega32U4 gewonnen. Alternativ können auch externe Taktsignale verwendet werden. Sie werden häufig für hochpräzise Uhren oder Zeitsteuerungen genutzt.

In ATmega32U4-Controllern sind ein 8-Bit-Timer mit einer Auflösung von 256 (2^8) und zwei 16-Bit-Timer mit einer Auflösung von 65.536 (2^16) integriert. Darüber hinaus verfügt der Controller über einen 10-Bit-Hochgeschwindigkeits-Counter mit integrierter PLL. Alle Timer verfügen über eigene, individuell konfigurierbare Prescaler.

16 Fehlersuche

Selbst bei erfahrenen Elektronikentwicklern funktioniert eine neue Schaltung oft nicht auf Anhieb – auch wenn ein Aufbau optisch korrekt aussieht. Entsprechendes gilt für die Softwareentwicklung. Kaum ein umfangreicheres Programm läuft bereits nach dem ersten Kompilieren völlig fehlerfrei. Selbst im Bereich der professionellen Firmwareentwicklung nimmt das *Debugging*, also Test und Fehlerbeseitigung, oft einen deutlich längeren Zeitraum in Anspruch als die Programmentwicklung selbst.

Die folgenden Punkte fassen die häufigsten Fehlerursachen zusammen. Werden diese Punkte im Fall eines nicht funktionierenden Aufbaus systematisch nacheinander durchgegangen, sollte die Fehlerquelle rasch gefunden sein.

16.1 Allgemeine Hardwareaufbauten

- Falls Batterien oder Akkus verwendet werden: Ist die Leistung der Batterien/Akkus noch ausreichend?
- Haben die Batterien/Akkus guten Kontakt zum Batteriehalter? Manchmal hilft es, wenn Kontaktfedern etwas nachgebogen werden.
- Sind alle gepolten Bauelemente wie Elkos, Dioden und LEDs korrekt eingebaut?
- Ein häufiges Problem ist, dass sich bei Breadboard-Aufbauten nicht isolierte Anschlussdrähte von Bauelementen unbeabsichtigt berühren. Insbesondere Kondensatoren oder Widerstände mit langen Anschlussdrähten können hier zu Kurzschlüssen führen. Es empfiehlt sich daher, blanke Drähte möglichst kurz zu halten.
- Bei schlechten Lichtverhältnissen können die Farbringe von Widerständen leicht verwechselt werden. Insbesondere die Farben rot und orange oder braun und rot können bei manchen Widerständen leicht verwechselt werden.

16.2 Mikrocontrollerschaltungen

Durch die Verwendung des Arduino Micro werden viele häufig auftretende Fehlerquellen im Controllerbereich von vornherein ausgeschlossen. So gehören fehlerhafte Oszillatorschaltungen ohne Lastkapazitäten genauso der Vergangenheit an wie falsch gesetzte Controllerparameter (Fuses). Auch eine ausreichende Anzahl von Stütz- und Abblockkondensatoren ist bereits fest auf dem Controllerboard vorhanden.

Dennoch gilt es, auch beim Einsatz des Micros einige Hinweise zu beachten:

- Die Beschriftung des Pins wurde unglücklich gewählt. Sie befindet sich nicht über oder unter dem entsprechenden Pin, sondern rechts daneben. Beim Auswählen von Pins führt das häufig zu Fehlern, da oftmals fälschlicherweise die linke Bezeichnung einem Pin zugeordnet wird.

- Besondere Vorsicht ist geboten, wenn Versorgungsspannungen größer als 5 V verwendet werden sollten. Sie dürfen nur zwischen GND und dem Pin VI (Voltage In) angelegt werden. Bereits die flüchtige Berührung eines anderen Pins mit einem eine höhere Spannung führenden Draht kann zur Zerstörung des Micros führen.

- Bei der Fehlersuche können zusätzliche Monitor-LEDs an wichtigen Portpins hilfreich sein. Sie weisen häufig auf Programmfehler hin, da sie deutlich anzeigen, wenn ein Pin ein unerwartetes Potenzial führt. Falls keine 5-V-LEDs zum Einsatz kommen, dürfen Vorwiderstände nicht vergessen werden.

16.3 Programmentwicklung und Programmierung

Der kleinste Index eines Arrays in C ist 0. Das heißt, die Deklaration *int x[10];* definiert zehn Feldelemente x[0], x[1], ..., x[9]. Wird versucht, auf ein x[10] zuzugreifen, erhält man weder vom Compiler noch zur Laufzeit eine Fehlermeldung. In einer Zuweisung *y = x(10);* erhält y einen zufälligen Wert.

Häufig wird die Zuweisung = mit dem Gleichheitsoperator == verwechselt. Da eine Zuweisung einen logischen Wert hat und daher in einem Vergleichsausdruck vorkommen kann, wird der Compiler keinen Fehler melden. In einer Abfrage

```
if (num = 1)
{ num = 0;
}
```

wird *num* hier immer auf 0 gesetzt, da die Zuweisung *num = 1* immer den Wert TRUE zurückliefert. Korrekt wäre

```
if (num == 1)
  { num = 0;
  }
```

Im Sinne einer guten Lesbarkeit von Programmen sollten zu komplexe Ausdrücke mit Compound-Operatoren vermieden werden. Die Wirkung einer Programmzeile wie *x = --k * (u * V);* ist nicht immer sofort klar und kann leicht zu unerwünschten Ergebnissen führen.

Auch beim Aufruf von Funktionen ohne Parameter müssen die Parameterklammern gesetzt werden. Falls zum Beispiel eine parameterlose Funktion *getADCresult* existiert, ist der Funktionsaufruf *x = getADCresult;* falsch. Der korrekte Aufruf wäre *x = getADCresult();*.

Die logischen Operatoren && und || dürfen nicht mit den bitweisen Operatoren & und | verwechselt werden. So liefert beispielsweise die bitweise UND-Verknüpfung der beiden Variablen

```
x = 0b1001;
y = 0b0110;
```

das Ergebnis

```
            1001
AND         0110
        ------------
            0000
```

Also gilt x & y = 0. Als Variablen betrachtet haben aber a und b einen Wert ungleich 0 (dezimal: a = 9, b = 6). Ein Wert ungleich 0 bedeutet aber logisch wahr (TRUE). Somit ergibt sich true AND true = true und die Verknüpfung a && b liefert somit true also eine »1« zurück: a && b = 1.

Der Arduino Micro unterscheidet sich von den anderen Arduino-Boards unter anderem dadurch, dass er nur einen Mikrocontroller besitzt. Dieser übernimmt sowohl die Abarbeitung der Sketche als auch die USB-Kommunikation mit dem PC oder Laptop. Das bedeutet, dass der serielle Port virtuell ist. Er besteht also sowohl auf dem Hostrechner (PC) als auch auf dem Controllerboard nur aus einer Softwareroutine. Das führt zu einer höheren Störanfälligkeit. Ist der Micro also einmal nicht über USB ansprechbar, sollte man die Schnittstelle durch Trennen und Wiederherstellung der USB-Verbindung vollständig zurücksetzen.

Die virtuelle serielle Schnittstelle führt auch dazu, dass bei jedem Reset des Boards die serielle Verbindung der USB-Schnittstelle unterbrochen und wieder aufgebaut wird. Der Micro verschwindet für eine bestimmte Zeit aus der Liste der seriellen Ports und erscheint dann wieder neu. Das kann, insbesondere wenn viele USB-Geräte am gleichen Host wie der Arduino angeschlossen sind, zu Fehlfunktionen führen. So wurde über Probleme mit USB-Speichersticks oder Festplatten berichtet, wenn diese gemeinsam mit dem Micro an einem Rechner betrieben werden.

Darüber hinaus bewirkt die serielle Schnittstelle, dass der Arduino Micro einen geladenen Sketch nicht neu startet, wenn ein serieller Port auf dem Host geöffnet wird. Serielle Daten, die bereits vom Micro an den Computer gesendet wurden, sind so nicht mehr sichtbar. Das hat zur Folge, dass Start-up-Informationen, die z. B. via *Serial.print();* im Setup nur einmal gesendet werden, nicht im Serial Monitor erscheinen, wenn dieser zu einem späteren Zeitpunkt gestartet wird. Die Verwendung eines einzigen USB-fähigen Controllers für die Abarbeitung von Sketchen und für die Controllerkommunikation bringt den Vorteil der gesteigerten Flexibilität für die Kommunikation mit dem Computer mit sich. Der Micro kann so auch als Tastatur oder Maus, d. h. als HID (Human Interface Device) verwendet werden.

KAPITEL A

ANHANG

17 Literatur

Die folgende Literatur bietet Hilfe, falls Grundlagen im Bereich der Elektronik oder C-Programmierung fehlen. Andererseits bieten sich einige Werke auch als Weiterführung und Ergänzung zum vorliegenden Buch an.

Wer insbesondere die Kapitel der unten genannten Lernpakete sorgfältig durchgearbeitet hat, ist auf den entsprechenden Gebieten kein Anfänger mehr. Er ist durchaus in der Lage, weiterführende Literatur zu studieren und zu verstehen. Zudem können die den Lernpaketen beiliegenden Komponenten für viele Projekte in diesem Buch weiterverwendet werden.

U. Tietze, C. Schenk: Halbleiter-Schaltungstechnik, Springer-Verlag (2002)

P. Horowitz, W. Hill: The Art of Electronics, Cambridge University Press (1989)

Brian W. Kernighan, Dennis M. Ritchie: The C Programming Language, Prentice-Hall Int. (1990)

G. Spanner: AVR-Mikrocontroller in C programmieren, Franzis (2010)

Lernpaket AVR-Mikrocontroller in C programmieren, Franzis, (2012)

18 Bezugsquellen

Elektronische Bauteile und auch Mikrocontroller selbst können bei den folgenden Firmen bezogen werden:

Reichelt Elektronik: *www.reichelt.de*

Conrad Electronic: *www.conrad.de*

Speziellere Bauelemente, wie Beschleunigungs- und Tiltsensoren oder auch Ultraschallmodule sind beispielsweise erhältlich bei

www.watterott.com

www.amazon.de

www.sparkfun.com

19 Quellcodes

Sämtliche Quellcodes zu diesem Buch sind auch auf der Website *www.buch.cd* zu finden. Geben Sie dort einfach die erforderlichen Ziffern der ISBN ein.

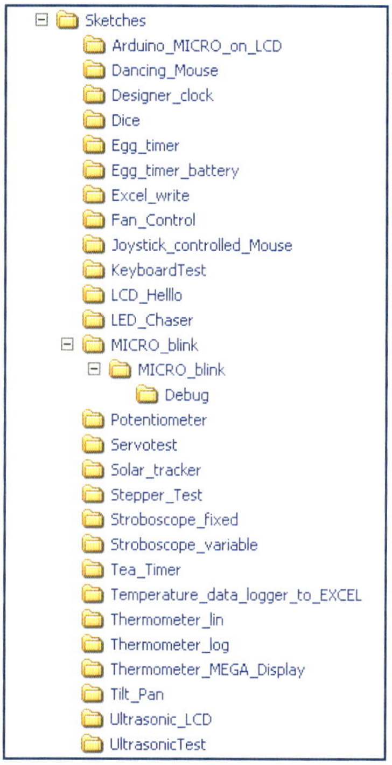

Symbole

A

Z